유럽 나들이

유럽 나들이

지은이 | 김형원
펴낸이 | 김원중

편 집 | 윤예미 · 김현정
디자인 | 고희주 · 옥미향
마케팅 | 김재국
제 작 | 서 영

초판인쇄 | 2007년 4월 27일
초판발행 | 2007년 5월 3일

출판등록 | 제2-2576(1998.8.27)

펴 낸 곳 | 도서출판 선미디어
          상상예찬 (주)
주   소 | 서울시 마포구 상수동 324-11
전   화 | (02)325-5191 팩   스 | (02)325-5008
홈페이지 | http://smbooks.com

ISBN 978-89-88323-96-0 03980

값 9,800원

도서
출판 선·미디어

유럽
나들이

김형원 지음

Family Tour Story in Europe

"꿈을 갖고 살던가, 희망 없이 죽던가, 희망의 긴 여행을 떠날 수 있는 자유로운 사람은 무사히 국경을 넘기를 바란다."

영화 〈쇼생크 탈출〉에서 죄수였던 모건 프리먼의 마지막 대사다.

가수 양희은 씨는 '내 나이 마흔 살에는' 이라는 노래를 불렀다.

어렸을 때는 어른이 되고 싶었다. 어른들은 세상을 자기 마음대로 살 수 있는 자유가 있는 것처럼 보였다. 인생을 열심히 살았다. 20대의 순수가 가고, 30대의 열정이 가고 어느새 나는 마흔이 넘었다. 양희은 씨가 부른 노래에는 '날아만 가는 세월이 야속해 붙잡고 싶다' 고 했지만 내게는 지금 흘러가는 세월도 아름답다.

아이들이 보였다.
어렸을 때 내 손을 꼭 잡으며
내게 삶의 기쁨을 주던 아이들이 보였다.
지금은 내 그늘 안에 있지만
세월이 흐르면 잡았던 내 손을 놓고
더 넓은 세계로 나가야만 하는 인생.

삶 속에서 맞이하는 어려운 상황을 헤쳐 나가는 삶의 에너지가 풍부한 사람들이 있다. 그런 사람들은 자기들이 지내온 세월에 좋은 기억들이 많은 사람들이다. 그 기억들은 언제나 삶을 좀 더 긍정적으로 볼 수 있고 어려운 순간을 헤쳐 나갈 수 있는 의지로 작용한다.

우리 아이들에게 멋있는 기억들을 선물해주고 싶었다. 먼 훗날 그 때를 돌아보며 항상 입가에 미소를 지을 수 있는, 그런 즐거웠던 시절을 갖게 해주고 싶었다.

여행은 인생을 풍요롭게 한다. 귀한 추억을 남겨 주어서, 주위를 바라보는 이해의 폭을 넓게 해주어서, 그리고 인간관계의 밀도를 깊게 해주면서 여행은 사람을 기름지게 한다.

아이들과 잡고 있는 끈이 튼튼할 때 함께 떠나보고 싶었다.

그때부터 유럽여행은 계획되었다. 유럽은 5년 전에 직장 동료들과 함

께 가본 적이 있다. 즐거웠다. 한국에 돌아와서도 유럽은 마음속에 좋은 기억으로 남았다. 이러한 '즐거운 인생'을 가족들도 느끼게 해주고 싶었다.

이제까지의 여행에는 부모님이나 친구 가족이 동반했었다. 나와 아내, 그리고 요섭이, 요한이 넷이 오붓하게 가족여행을 한 일은 없었다. 때문에 우리 가족만 순수하게 여행을 시작했을 때의 여행 흐름을 짐작할 수가 없었다.

유럽이라는 멀리 떨어진 세상에서 보름 이상 전개될 여행이 원만하게 진행되려면 한번쯤은 예행연습이라는 것을 할 필요가 있었다. 2006년 1월에 일본 큐슈를 다녀왔다. 유럽여행을 앞두고 행한 예행연습이었다.

큐슈 여행은 5박 6일의 배낭여행으로 진행했다. 기획에서부터 예약, 현지 진행까지 내가 전담했다. 처음에 가족들은 여행에 대한 기대보다는 남편이, 그리고 아버지가 이끌어가는 여행에 따라간다는 수동적인 입장이었다.

5일 동안 큐슈에 있는 기차들을 무제한 탈 수 있는 큐슈레일패스를 구입해 기차를 타고 다녔다. 나가사키의 평화공원, 하우스텐보스의 볼거리들, 아소 산의 황량한 풍경, 벳부에서의 온천체험, 유후인의 일본적인 모습, 이브스키에서의 모래온천찜질 등을 경험하면서 가족들은 조금씩 해외 배낭여행의 맛을 느끼기 시작했다.

2년 전에도 유럽여행의 기회가 있었다. 그러나 기다렸다. 유럽을 느끼려면 적어도 중학교 1학년 정도는 되어야 할 것 같아서였다. 2006년에 둘째 아이가 중학교에 입학했다. 큰 아이는 고등학교에 들어갔다. 큰 아이는 학업에 집중해야 한다는 부담이 있었지만 여행준비를 계속했다. 더 넓은 세상을 보고 인생을 살아갈 꿈을 키울 수가 있다면 그것이 더 중요하다는 생각에서였다.

그렇게 우리 가족은 유럽으로 떠났다. 16박 17일의 일정이었다.

언제나 그렇듯이 선택은 각자의 몫이다.
그리고 도전하는 사람은 아름답다.

2007년, 늘 새로운 여행을 꿈꾸는 김형원

CONTENTS

CONTENTS

07 _SWEDEN

08 _FINLAND & SWEDEN

여행일정
노르웨이
핀란드
스웨덴
베르겐
오슬로
투르크
헬싱키
스톡홀름
예테보리
영국
런던
독일
뮌헨
스위스
파리
베른
취리히
인터라겐
프랑스
이탈리아
로마

박 일 의 행복한 유럽 나들이

2006년 8월

3일 　타이항공 타고 유럽으로 GO!

4일 　런던 걷기.

5일 　17:40, 이지젯 타고 로마로!

6일 　로마의 휴일, 뮌헨 가는 야간열차 타기.

7일 　뮌헨 탐구, 23:00 취리히 도착.

8일 　피르스트 하이킹,
　　그린델발트 유스호스텔에서 안경 망가지다.

9일 　쉴트호른의 피츠 글로리아 만찬, 베른에서는 잠만 자다.

10일 　TGV 타고 파리 입성, 루브르 박물관과 파리 야경투어.

11일 　베르사이유 정원 자전거 일주, 베르겐 23:00 도착.

12일 　베르겐 시내 구경과 보스에서의 여유로운 저녁.

13일 　기대에 못 미친 송네 피오르드,
　　우여곡절 끝에 오슬로 유스호스텔에 안착.

14일 　뭉크 없는 오슬로, 예테보리로 칙칙폭폭.

15일 　X2000에 푹 빠져 스톡홀름으로.
　　발트해를 건너는 실야 라인.

16일 　헬싱키 찍고 투르크 찍고 바이킹 라인에 몸을 싣다.

17일 　스톡홀름 AGAIN, 웁살라는 옵션.

18일 　스톡홀름에서 일단은 방콕까지.

19일 　다시 한국이다. 우리, 이번 여름에 행복했다!

여행 경비

총 13,080,323원 (※기념품이나 선물 비용은 제외)

가족여행은 혼자, 또는 친구와 가는 여행과는 다르다. 이런 여행은 일정에 차질이 생기더라도 큰 걱정 없이 진행할 수 있지만 가족이 한꺼번에 움직이면 생각해야 할 일이 잔뜩 생긴다.

"방학을 이용해 온 가족이 함께 유럽 8개국을 다녀온다!"

써놓고 보니 참으로 짧은 문장이지만 이 여행 계획을 세우는 것이 내게는 웬만한 기업의 사업계획서를 쓰는 것만큼이나 어려운 일이었다.

한 가족의 가장으로서 아내와 아이들이 편안하고 무사하게 많은 것을 보고 즐길 수 있도록 해야 한다는 부담이 어깨를 내리누를 무렵, 뜻밖에도 중학생 꼬맹이인줄로만 알았던 막내가 나서기 시작했다.

가족 구성원의 막내인 요한이가 유럽 저가 항공편을 알아보고 내게 내밀었을 때야 나는 깨달을 수 있었다. 이 여행은 내가 가족을 위해 모든 것을 완벽하게 준비해야 하는 여행이 아니라, 온 가족이 함께 준비하고 즐겨야 할 여행이라는 것을.

그래서 나온 유럽여행 일정은 16박 17일.

우선 유럽여행을 처음 가는 사람들이 정통 코스로 생각하는 중부유럽을 넣었다. 여기에 여름방학을 이용해 가는 것이니만큼, 시원하게

항공권 예약 완료

Ticket

다녀오자는 생각이 들어 북유럽이 추가됐다.

정해진 기간에 가보고 싶은 곳은 많으니 동선이 길어져 이동하는 데 시간이 많이 걸렸다. 따라서 두 번 정도는 비행기를 이용해 이동에 걸리는 시간을 줄이기로 했다.

맨 처음 들어가는 도시를 영국의 런던으로 잡았는데, 런던에서 다음 목적지인 이탈리아의 로마까지 비행기를 타고 이동하기로 했다. 런던에서 로마로 갈 때 기차를 타면 부지런히 움직여도 하루 이상 걸리지만 비행기는 3시간 안쪽으로 이동할 수 있기 때문이다.

또한 런던에서 기차를 통해 유럽 대륙으로 나오려면 유로스타를 타야 한다. 유로스타의 종착역은 프랑스의 파리나 벨기에의 브뤼셀이므로, 런던에서 시작하여 이탈리아를 보고 이탈리아에서부터 시계 반대방향으로 움직이다가 파리에서 비행기를 타고 북유럽으로 가는 우리의 이동경로와는 맞지 않는다.

따라서 이번 여행에서 비행기를 이용할 곳은 런던 → 로마와 파리 → 베르겐 구간.

어디에서나 메이저 항공사는 요금이 비싸므로 저가 항공사를 찾아보았다.

우선 이지젯(Easyjet) 항공.

이지젯 항공은 어린이에 대한 나이 제한이 엄격한 편이라 막내인 요한이만 어린이 요금을 적용받고 고등학생인 요섭이는 어른 요금을 내야 했다.

저가 항공은 일찍 예약할수록, 그리고 오전에 출발하는 것보다 오후에 출발하는 요금이 더 싸다. 그런데 예약 여부를 놓고 며칠 미루는 사이에 요금이 올라 네 사람의 비행기 요금은 188.91파운드가 되었다[세금 포함, 한화 335,280원].

비행기 예약을 마치자 비로소 대한민국을 떠나 유럽여행을 간다는 실감이 들기 시작했고 이때부터 요한이가 전면에 나서기 시작했다.

이번 유럽여행의 예행연습 삼아 일본 큐슈에 갈 때까지만 해도 별 관심을 보이지 않던 아이였다. 그런데 일본에서 배낭여행을 체험한 뒤로 마음이 바뀌었는지 요한이가 인터넷 여행 사이트를 뒤지면서 저가 항공사들을 찾기 시작했다.

그래서 찾아낸 것이 노르웨이안(Norwegian) 항공.

노르웨이안 항공은 오슬로를 중심으로 유럽의 여러 도시들을 운항하는데, 프랑스의 파리에서 노르웨이의 베르겐으로 가는 항공편도 있었다. 그런데 이 항로가 일주일에 두 번만 운행되어 항공편에 일정을 맞추다 보니 예정보다 일찍 북유럽으로 가게 됐다. 16박 17일 중 중부유럽에서의 일정이 빠듯해진 것이다.

노르웨이안 항공은 어린이에 대한 기준이 인심이 후해서 요섭이도 어린이 요금을 적용받았다. 신용카드로 예약을 했는데 나중에 청구된 요금이 267,296원이었다. 이 정도면 서울에서 제주도를 가는 요금보다 더 저렴한 수준이다.

항공편 예약은 1월에 모두 끝냈는데, 여기서 두 가지 제약이 생겼다.

첫 번째는 앞에서 말했듯이 중부유럽에서의 일정이 촉박해졌다는 것이고 다른 하나는 숙박의 제한이다. 파리에서 베르겐으로 가는 비행기가 21시 40분에 출발, 베르겐에 23시가 넘어서 도착하기 때문에 공항 근처에서 숙박을 해결해야 한다는 것이다.

유럽 저가 항공 예약하기

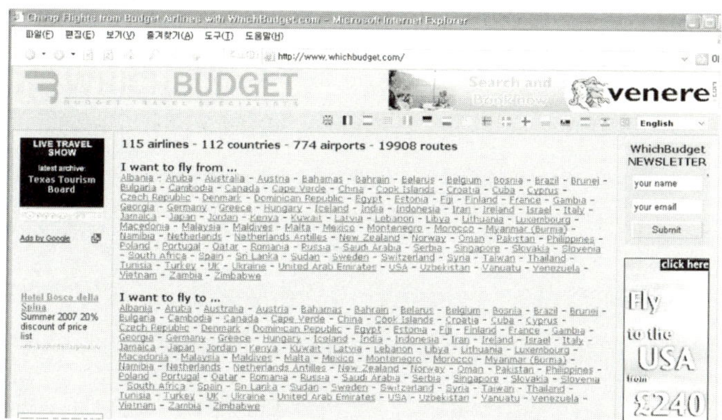

우리나라의 한성 항공이나 제주 항공은 메이저급 항공사 요금의 2/3 수준으로 운항하지만, 유럽의 저가 항공은 1/4 수준의 요금으로 운항한다.

현재 유럽에는 60개 정도의 저가 항공사가 운행되고 있는데 영국 항공사인 이지젯(EasyJet)과 아일랜드 항공사인 라이언 에어(Ryan Air)가 그 중 규모가 크다. 실제로 이 두 항공사는 유럽의 대형 항공사인 영국 항공, 루프트한자, 에어 프랑스보다도 수송률이 높다고 한다.

저가 항공사의 요금이 저렴한 이유는 비행기에서 제공되는 다양한 서비스를 줄이고 티켓의 대부분을 인터넷으로 예약하며 도심 공항에서 조금 먼 공항을 이용해 공항 이용료를 낮추기 때문이다.

저가 항공의 예약은 www.whichbudget.com과 www.skyscanner.net을 통해 할 수 있다.

가령 파리의 보베 공항에서 노르웨이의 베르겐으로 갈 경우, 국가 이름 France를 찾아 Paris Beauvais(BVA)를 클릭하면 보베 공항을 이용하여 갈 수 있는 모든 항공편이 나타난다.

이번 여행에서 숙박은 총 14번으로 호텔이나 유스호스텔만 이용하면 여행의 재미가 떨어질 것 같아 민박, 기차, 유람선까지 배합하기로 했다. 호텔과 유스호스텔을 각 5일씩 잡고, 배에서 2일, 기차에서 하루, 한인 민박에서 하루를 계획한다.

우선 유스호스텔 연맹에 가족회원으로 가입하고 예약을 시작했다. 유럽은 유스호스텔 제도가 잘 발달되어 있어 어지간한 도시에는 유스호스텔이 하나 이상 있다.

중부유럽에서는 스위스의 유스호스텔이 좋고, 북유럽의 국가들도 시설이 잘 갖추어져 있기 때문에 스위스의 취리히와 그린델발트, 노르웨이의 보스와 오슬로, 스웨덴의 예테보리에서 유스호스텔을 이용하기로 했다.

예약은 직접 할 수도 있고 한국의 대행기관에 의뢰할 수도 있는데 우리는 인터넷으로 직접 예약을 했다. 예약을 한 시기가 2월임에도 불구하고 스웨덴의 예테보리는 가족실 예약을 할 수 없어 남자방과 여자방으로 나누어 숙박을 하게 되었다.

호텔에는 상징적인 의미를 부여하여 처음 유럽에 도착하는 날과 유럽에서의 마지막 날 이용하기로 했다. 여기에 더해 이탈리아의 로마와 노르웨이의 베르겐에는 늦게 도착하므로 편의를 생각해 호텔에서 묵기로 했다.

스위스 베른은 역과 유스호스텔이 먼 편이고 베른 기차역 바로 건너편에 저렴한 호텔이 있다기에, 다음날 TGV 탈 것을 생각하여 호텔에서 묵기로 했다.

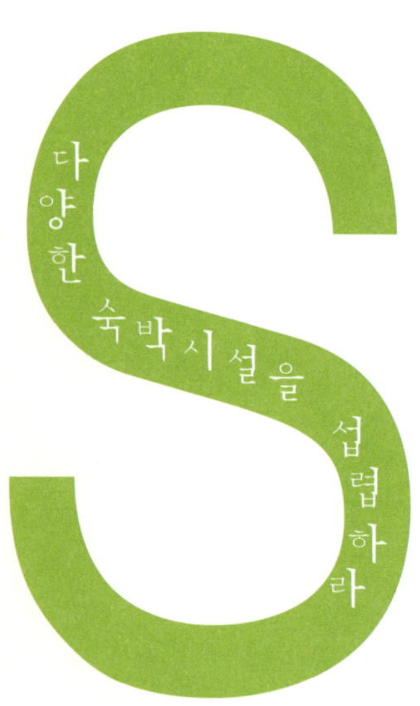

호텔 예약도 여행사를 통해 인터넷으로 처리했다. 한국에서 할인된 가격으로 예약을 하고 가는 것이 현지에서 직접 접촉하는 것보다 저렴하다. 검색사이트에서 '유럽호텔할인'이라는 말만 쳐도 많은 결과가 나오는데 같은 호텔이라도 사이트마다 가격이 다르므로 잘 비교해야 한다.

다음으로 배편을 알아보았다. 스웨덴의 스톡홀름과 핀란드의 헬싱키를 오가는 유람선은 실야(Silja) 라인과 바이킹(Viking) 라인의 두 종류가 있다. 이번 여행 일정의 종착지를 핀란드의 헬싱키로 생각하고 있어서 스톡홀름 → 헬싱키 노선을 염두에 두었다. 사람들의 말로는 실야 라인의 내부시설이 바이킹 라인보다 멋지다고 하여 실야 라인을 타기로 했다.

8월 16일 스톡홀름 → 헬싱키 유람선을 문의했더니 16일에는 Tourist2급의 객실이 없다고 한다. 15일에는 객실이 있다고 하여 8월 15일 스톡홀름 → 헬싱키 실야 라인을 예약했다.

본래 유레일패스 소지자는 약간의 예약비만 내면 Tourist2급 객실을 공짜로 받을 수 있다. 이 예약비도 스톡홀름 현지에 가면 내지 않을 수 있지만 우리가 가는 시즌이 여행 성수기인지라 자리가 없을 것을 감안하여 한국에서 미리 예약을 했던 것이다[예약비 1인당 10유로].

한국에서 예약을 할 경우 아침 뷔페를 하는 것이 정해진 수순이고 저녁 식사는 선택이다. 실야 라인의 저녁 뷔페를 좋게 평가한 사람이 많아 저녁 뷔페까지 신청했다.

4인 1실 Tourist2급 객실 1개, 4명분의 아침 식사와 저녁 식사비용을 예약 당일의 환율로 입금하니 174,936원이었다.

그런데 실야 라인 예약을 끝마치고 나니 요한이가 실야 라인과 바이킹 라인을 모두 타보고 우리끼리 비교분석을 해보자는 것이 아닌가.

원래는 핀란드에 16일 아침 도착하여 17일까지 핀란드 관광을 할 계획이었다. 그런데 바이킹 라인의 탑승시간이 16일 21시이므로 핀란드 관광을 16일 하루에 끝내야 하는 셈이다. 게다가 이틀 연속 배를 타면 가족들이 피곤해할 것도 걱정이었다.

그래도 요한이가 고집을 꺾지 않는다. 하긴 이런 기회가 언제 또 있겠는가. 핀란드 관광을 초고속으로 끝내는 한이 있어도 이왕 떠나는 길, 가족의 만족도가 우선이다.

다만 헬싱키만 보고 다시 배를 타면 핀란드에 가는 의미가 반감될 것 같아 바이킹 라인은 핀란드의 투르크에서 스웨덴의 스톡홀름으로 오는 노선을 알아보았다. 헬싱키에서 투르크까지는 펜돌리노라는 고속열차가 다니기 때문에 2시간 정도 기차를 타고 가면서 핀란드의 풍경을 감상할 생각이었다. 특히 바이킹 라인에도 우리 가족만 따로 잠을 잘 수 있는 캐빈이 주어지므로 호텔에서 자는 것으로 여겨도 그만이었다.

복잡한 머리를 식히고 바이킹 라인에도 문의를 했다.

실야 라인에서 예약한 Tourist2 객실은 13층 중 2층에 있는 것으로, 유람선이 다닐 때 바다 밑으로 잠기는 부분이다. 조금 겁이 나는 것도 사실이다.

그래서 바이킹 라인은 Seaside 객실로 신청했다. 아침 식사와 더불어 저녁 뷔페에는 스칸디나비아 3국의 모든 해산물을 맛볼 수 있다 하여 같이 신청하니 197,850원이 나왔다.

바이킹 라인의 경우는 돈을 입금하는 것이 예약 시기와는 별개다. 탑승 기일이 거의 임박할 무렵에 당시의 환율로 입금해야 한다.

기차는 로마에서 피렌체로 이동, 피렌체 → 뮌헨 야간열차를 이용하기로 한다. 로마에서 뮌헨까지 한 번에 가는 노선도 있지만, 우리는 이탈리아의 고속열차인 ESI를 타보기 위해서 일부러 이런 방식을 택했다. 간이침대를 이용할 수 있는 쿠셋칸을 선택하는 것으로 기차에서의 1박은 해결.

남은 것은 민박으로 파리에서 이용해보기로 결정했다. 요한이가 인터넷을 뒤져 파리의 민박을 분석한 결과, 최종적으로 '파리별장' 이 남았다. 파리별장에서는 화장실과 샤워실을 가족끼리 이용할 수 있고 그 민박에서 주관하는 파리 야경 투어를 할인된 가격에 제공한다는 것이다.

그러나 문의한 결과 이곳은 최소한 2박 이상 하는 사람들만 예약이 가능하다고 한다. 다시 부탁을 해봤지만 역시 거절당하고, 이번에도 안 되면 다른 곳을 이용하자는 결심으로 마지막 부탁을 했다. 그러자 더 이상 거절할 수 없으니 받아들이겠다는 회신이 왔다. 삼고초려의 승리랄까. 1일 숙박과 4인 야경투어를 합하여 335,000원을 송금했다.

파리별장을 예약하면서 파리의 관광 일정이 확정되었다. 첫날 오후에 루브르 박물관을 보고 밤에는 파리별장에서 제공하는 야경투어를 하고 다음날은 베르사이유 궁전 둘러보기.

유스호스텔 예약하기

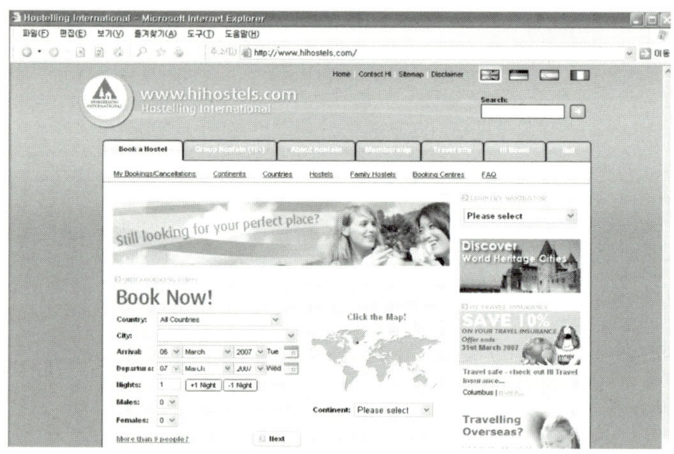

한국유스호스텔 연맹에 가입해야 한다. 가족이 숙박을 할 때는 가족회원이 되어야 하는데 부부가 가입하면 자녀들은 자동적으로 혜택을 본다. 회원증이 도착하면 거기에 회원 번호가 나타나 있다.

www.hihostels.com을 통해 직접 예약할 수도 있다. 결제는 신용카드로 한다.

북유럽의 유스호스텔은 침대 시트 가격이 포함되지 않기 때문에 현지에 도착하여 침대 시트를 이용할 경우에 따로 추가비용을 지불해야 한다. 이메일로 보내주는 예약증을 가지고 해당 유스호스텔에서 제시하면 된다.

유스호스텔 연맹에 예약을 의뢰할 수도 있는데 이 경우 건당 약간의 비용을 지불해야 한다. 특히 가족실을 이용할 경우 여행 시기를 따져 성수기라면 몇 달 전에 미리 예약을 하는 것이 좋다.

2006년 3월, 한국에서 외국의 기차를 예약할 수 있는 시스템이 가동되었다. 여행사에서 대행해주면서 약간의 수수료를 받는 형식이다.

우리는 머리를 맞대고 각국의 기차를 연구하기 시작했다. 각 나라의 철도청 사이트에 들어가면 자기 나라 뿐 아니라 다른 나라의 철도편까지 상세히 나와 있어 구체적인 일정을 세울 수 있었다.

우리는 중부유럽 구간만 여행사를 통하여 예약했다. 로마 → 피렌체 ESI 열차, 피렌체 → 뮌헨 쿠셋 열차, 뮌헨 → 취리히 인터시티 열차, 베른 → 파리 TGV 열차로, 기차 예약에 든 비용은 297,500원이었다.

이제 가장 중요한 것은 우리나라에서 유럽으로 왕복할 비행기의 예약이다.

여행을 떠날 7,8월은 유럽여행의 성수기이기 때문에 비행기의 예약이 늦으면 일정에 맞는 티켓을 끊기 어려운 것은 물론, 아예 비행기 표가 없는 경우도 다반사다.

이번 여행의 경우 우리는 인터넷으로 3월에 타이 항공에서 나온 특가항공권을 예약할 수 있었다.

8월 4일 아침 런던에 도착하고 다시 5일 밤늦게 로마에 도착. 6일에 로마 관광을 마치고 로마에서 ESI를 타고 피렌체로 가서 피렌체에서 뮌헨으로 가는 야간열차를 탄다. 7일 새벽에 뮌헨에 도착하면 ICE를 타고 아우구스부르크에 갔다가 다시 ICE를 타고 뮌헨으로 돌아온다. 뮌헨에서 오후에 기차를 타고 스위스의 취리히로 간다. 8일 아침에 기차를 타고 인터라켄으로 가서 이틀 동안 알프스를 즐기고, 10일 아침에 TGV를 이용하여 파리로 간다. 파리에서 이틀 동안 둘러보고 다시 오후에 비행기를 이용하여 노르웨이의 베르겐으로 넘어간다.

이번 여행 테마 중의 하나는 유럽의 초고속열차를 탈 수 있는 범위 내에서 다 타보자는 것이다.

세계의 5대 고속철은 독일의 ICE, 프랑스의 TGV, 일본의 신칸센, 우리나라의 KTX, 그리고 스페인의 AVE이다.

스페인은 여행 계획에 들어있지 않으니 AVE는 탈 수 없고 신칸센은 1월에 일본에 갔을 때 타보았다. 우리나라의 KTX는 아직 타보지 않았지만 언제라도 마음만 먹으면 탈 수 있으므로 이번 여행에서는 독일의 ICE, 프랑스의 TGV를 타야 한다는 결론이다.

이외에도 유럽에는 초고속열차는 아니더라도 시속 200km 이상으로 달리는 특색 있는 기차들이 여러 개 있다. 이탈리아의 ESI, 스웨덴의 X2000, 핀란드의 펜돌리노 같은 것인데 이들 기차도 계획 속에 포함되어 있다.

결정해놓고 보니 참으로 야심찬 계획이긴 한데 무모하기 짝이 없다. 이렇게 험악한 일정을 아내와 두 아이가 다 소화할 수 있기는 할까?

그러나 처음 유럽을 여행하는 사람들이 다 그렇듯이 의욕이 넘쳐 여기도 가고 싶고 저기도 보고 싶은 욕심을 버리기 어렵다. 유럽이라는 덩치 큰 수박, 겉이라도 핥아보는 것이 어디인가!

남은 일은 틈틈이 유럽여행을 위한 세부적인 정보를 수집하는 것과 여행을 하는 동안 한 몸처럼 움직일 배낭을 사고 체력을 기르는 일 뿐이다.

유럽 철도 예약하기

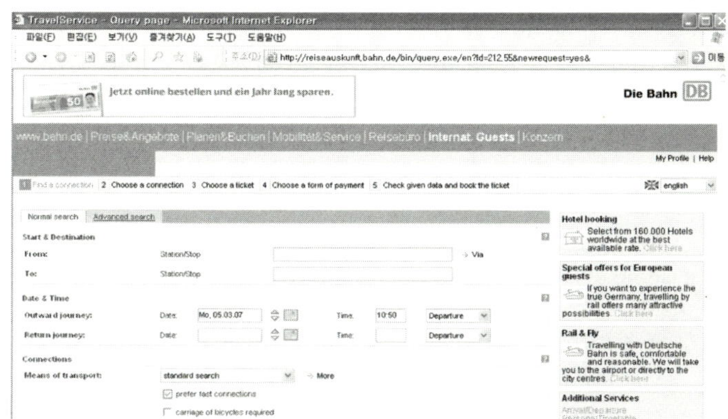

인터넷으로 각국의 철도청 사이트에 접속한다. 가장 많이 이용되는 사이트
는 www.bahn.de로 독일의 철도청이다. 이곳에서는 유럽 각국의 철도 운
행 시간을 알 수 있다.

(스위스 철도청- www.rail.ch / 프랑스 철도청- www.sncf.com)

이 사이트에서 왼쪽 위에 있는 Reiseauskunft - Tickets을 클릭하면 새로
운 화면이 나타난다. 오른쪽 위에 보이는 독일 국기, 그 옆의 deautch라는
글자를 클릭해서 english를 선택하면 화면의 글자가 영어로 바뀐다.

이 화면에서 도시와 날짜, 시간을 입력하면 상세한 기차안내가 나오는데 이
때 기차안내에 나오는 R이라는 글씨는 예약을 해야만 탈 수 있다는 의미다.

이 경우 유레일패스 소지자라고 해도 대부분은 별도의 예약비를 내야 한다.

타고 갈 기차의 시간과 종류가 결정되었으면 우리나라에서 기차예약을 해주
는 여행사를 찾아 문의를 하고 해당사항을 이메일로 보내면 예약을 대행해
준다.

여행 준비에 든 비용   7,631,046원

항공권(인천-유럽 왕복)	4,735,200	유레일패스(세이버)	1,830,000
여행자 보험	86,770	중부유럽 기차예약	297,500
이지젯 항공	335,280	노르웨이안 항공	267,296
유스호스텔 회원 가입	40,000	KT월드폰 플러스 카드	20,000
모기 밴드	19,000		

ENGLAND

# 뜻밖의 행운, 이보다 더 좋을 순 없다

낮선 도시에서의 첫걸음, 그러나 앞으로의 여행을 생각하기에 히드로 공항은 너무 번잡하다. 차분히 마음을 가다듬고자 화장실 앞 의자에 짐을 놓고 교대로 세수를 했다. 면도와 화장까지 마친 얼굴들이 말갛다.

런던 시내로 들어가기 위해 히드로 익스프레스를 타기로 했다. 히드로 익스프레스는 히드로 공항에서 런던의 하이드 파크 북쪽에 위치한 패딩턴 역까지 15분에 주파하는 고속열차다. 물론 지하철도 있지만 걸리는 시간과 아침 출근 시간임을 고려할 때 짐 많은 우리에겐 당연한 선택이다.

성인 한 사람에 14.5파운드. 역시 고속철도 요금답게 비싸다. 하지만 한 여행 안내서에서 읽은 '어른과 동행하는 어린이는 무료' 라는 구절을 떠올린다. 성인 2명만 끊으면 된다[영국은 'child' 에 대한 나이 구분이 우리와 다름].

첫날의 컨디션 조절을 위해 과감한 결단! 그러나 티켓판매소에 가니 사정이 달라진다. 가족이라도 아이들 티켓을 사야 한다는 대답이다. 조금 손해 보는 기분이 들었지만 별 수 없다.

이번에는 신용카드가 말썽이다. 하나도 아니고 두 장의 카드 모두 안 된다고 하니 갑자기 불안해진다. 다소의 여행 경비를 카드로 사용하려던 애초의 계획에 차질이 생기면 우리는 여행에서 상당히 많은 불편을 감수해야 한다. 순간 가장의 책임감이 부쩍 무겁게 느껴진다. 다행히 두 번의 입력 결과 카드 결제가 성공했다. 어린이는 7.2파운드, 도합 43.4파운드다. 1파운드가 1,800원 정도라고 볼 때 처음부터 예상보다 많은 지출이다. 직원의 대수롭지 않은 물음까지도 기분을 한층 찜찜하게 한다.

"Are you Japanese?"

'Down to Express Trains' 라고 써있는 엘리베이터를 타고 내려간다. 15분마다 있는 히드로 익스프레스, 마침 열차가 왔지만 모양이 사진과 다르다는 요한이의 지적이다.

히드로 익스프레스는 두 종류가 있는데 하나는 패딩턴 역까지 직통이고 다른 하나는 시내의 중요지점 몇 군데에서 정차를 한다. 지금 들어오는 열차가 'Connect'라 불리는 경유열차다. 기왕이면 직통이 더 편할 것 같아 그냥 보냈다.

9시 15분, 이번엔 직통이다. 객차엔 승객이 별로 없다. 우왕좌왕하지 않고 편하게 시내로 향하고 나니 마음이 한결 놓인다. 패딩턴 역까지 정말 금방이다.

런던 시내까지 가장 빠르게 운반해 주는 히드로 익스프레스.

패딩턴 역. 금방이라도 해리포터가 나타날 것 같다.

우선과제는 호텔 찾기. 타워 브리지에서 감상하는 런던 야경으로 마무리되는 오늘 일정을 편하게 하기 위해서는 이 거점 확인 작업이 중요하다.

하이드 파크 주위의 Park Inn Hyde Park 호텔을 미리 예약해 놓고 약도와 주소도 준비했지만 호텔의 종적은 묘연하다. 약도도 부실할뿐더러 불연속적으로 이어지는 번지들은 주소를 유명무실하게 만든다. 더욱이 주위 건물과 확연히 다른 우리나라의 호텔들과는 달리 유럽 도심지역의 호텔들은 주위 건물과의 조화를 생각하여 지어졌다. 그래서 외견상 구별이 쉽지 않다. 지나가는 사람들에게 몇 번을 물어본 후 결국 한 가게에 들어가서야 겨우 정확한 위치를 알 수 있었다.

드디어 호텔. 바우처를 제시하니 예약에 문제가 있다며 오늘 우리가 이 호텔에서 묵을 수 없다고 한다. 정말이지 난항의 연속이다. 아침부터 힘들게 찾아온 호텔에서 묵을 수가 없다니.

그러나 걱정도 잠시, 다른 호텔의 예약과 함께 그곳까지 교통편을 제공해 주겠다고 한다. 새 호텔의 위치를 보니 타워 브리지 근방이라 저녁에 야경을 보고 다시 이곳까지 되돌아와야 하는 수고가 없어지는 셈이다. 더욱이 통상 이렇게 호텔이 바뀌는 경우에는 원래 예약했던 방과 동급이거나 더 좋은 방을 잡아준다. 호텔 직원의 말을 빌자면 'better' 라고 하니 나쁜 거래는 아니다.

런던의 전통인 블랙 캡(Black Cab)에 몸을 싣는다. 우리나라와는 달리 뒷자리의 좌석이 서로 마주 보게 되어 있는 런던 택시는 기사 옆자리에 승객을 태우지 않는다. 오스틴 택시라고도 불리는 이 택시는 클래식 카 스타일로 원래는 차 전체가 검은색이었다. 그러나 요즘은 광고 부착 등으로 완전히 검은색 차는 보기 힘들다. 전 세계의 모든 택시를 통틀어서 가장 친절하고 안전하게 목적지까지 안내해주는 것으로 정평이 나 있는
런던 택시니 지금까지의 난항도

여기서 끝날 성 싶다.

런던 거리를 질주하는 택시 안, 생각지도 않은 시내 투어다. 얼마 가지 않아 버킹검 궁전이 보인다. 주위의 풍경은 벌써 한국의 10월 같다. 거리를 활보하는 기마병들의 모습을 눈으로 좇다 보니 택시는 어느새 템스 강을 따라 달리기 시작한다. 여행서에서 눈에 익힌 런던아이가 보이고 런던탑도 스쳐 지나간다. 타워 브리지 근방의 큰 건물 앞에서 택시가 멈춘다.

Thistle Tower GUOMAN HOTEL, 안으로 들어서니 실내가 예사롭지 않은 것이 상당히 고급스러워 보인다. 체크인 카운터에 가서 예약 변경을 알렸다. 언뜻 카운터에 비치된 요금표를 보니 스탠더드 객실이 260파운드에 디럭스 객실은 300파운드를 넘어간다. 제발 이 호텔이 맞기를……. 드디어 우리의 손에 방 키 두 개가 주어진다.

방에 들어서자 타워 브리지가 한 눈에 내려다 보인다. 바로 밑에는 템스 강이 흐르고 있다. 요트가 정박해 있고 간간히 식당들이 보이는 나머지 방의 전망도 가히 나쁘지 않다. 뜻밖의 횡재! 가족들의 표정이 밝다. 숙박요금 100만 원에 육박하는 호텔에서의 잠자리, 유럽여행 첫날에 따라온 호사스러운 행운이 싫지 않다.

 ## 한 걸음, 한 걸음 런던을 걷는다

금강산도 식후경이라 일단 점심을 먹기로 했다. 호텔 밑 요트 정박지에 붙어 있는 The Riverside Caffe-Bar로 들어갔다. 메뉴판을 보니 일반적인 식사가 5~7파운드 사이다. 5~6만원 정도로 어림했던 한 끼 식사비의 초기 예산에 넉

넉하게 들어맞는다.

다만 물을 사서 마셔야 한다는 점은 영 적응이 되지 않는다. 영국을 비롯한 대부분의 유럽 국가에서는 물도 메뉴의 하나다. 유럽 사람들에게는 당연한 문화일 터이나 한국의 식당에서 자리에 앉자마자 아낌없이 제공되는 물을 마시던 우리들은 물 값을 내야 한다는 것이 영 마뜩찮다[물은 한 병에 1.1파운드].

컵에 가득 담겨 나온 커피가 목을 타고 부드럽게 흐른다. 꽤 마실 만하다. 뒤이어 식사가 나왔지만 음식에 곁들여진 베이컨은 상당히 짜고 향 좋던 커피마저 음식과 영 어울리지 못한다. 그러나 양껏 나온 감자튀김에 콜라는 여기서도 찰떡궁합이다.

걸음 하나. 런던탑의 한가로움

본격적인 시내 구경을 시작했다. 런던탑 옆을 따라 걷는다.

런던탑은 1066년에 건설되었는데 언뜻 봐서는 분위기 있는 옛 성처럼 보이지만 실제로는 감옥으로 더 많이 쓰였다. 겨울이면 런던 특유의 짙은 안개와 을씨년스러운 날씨 때문에 음산한 분위기를 풍기기로 유명하다.

그러나 한여름, 그것도 대낮에 지나는 우리에게는 사뭇 다른 느낌으로 다가온다. 나무 밑 잔디 그늘의 유혹에 느긋하게 한잠 자며 쉬었다 갔으면 하는 바람이 솟아난다. 음산함이 아닌 더없는 한가로움이다.

걸음 둘. 가을 분위기가 물씬 배어나다

버킹검 궁전으로 향했다. 길거리에서 엽서를 파는데 여왕과 다이애나 비, 그리고 왕자들의 사진이 많이 눈에 띈다. 여전히 영국 왕실은 사람들에게 국가의 구심점으로 작용하고 있는 것 같다.

신호등 앞에서 파란불을 기다리고 있자니 빨간불인데도 차가 오지 않으면

보행자용 안내판.

길을 건너는 사람이 태반이다. 처음에는 습관이 되지 않아 파란불을 기다렸지만 로마에 가면 로마법을 따르랬다고 우리도 여기의 생활습관에 따르기로 했다.

버킹검 궁전. 영국을 비롯한 유럽의 건물들은 보통 200년 이상의 역사를 자랑하는데 버킹검 궁전 역시 1703년에 세워졌다. 그 전통과 유명세답게 안에 들어가서 궁전을 구경하려는 사람들의 줄이 길다.

궁전은 남쪽에 있는 왕실 미술관(Queen's Gallery)과 왕실 마구간(Royal Mews), 그리고 660개의 방 가운데 22개를 일반에 공개한다. 그러나 입장료가 12파운드가 넘어 우리는 그냥 밖에서 보기로 했다.

근위병 교대식은 오전에 이미 이루어졌기에 궁전의 외관에만 만족하고 바로 옆의 공원으로 갔다. 세인트 제

TIP 런던 Sightseeing Tour Bus 예약하기

런던의 Sightseeing Tour Bus는 두 가지가 있다. The Big Bus Company와 Original London Sightseeing Tour에서 운영하는 투어버스다.

두 회사의 성인 1인 요금은 18파운드다. 어린이(만 5세부터 15세까지) 요금은 두 회사가 차이가 있는데 Big Bus는 10파운드, Original은 12파운드다. 가족(어른 2명, 어린이 3명)요금제가 있기는 하나 개별로 구입하는 것과 별반 차이가 없다.

Big Bus는 인터넷으로 예약하면 1인당 2파운드를 할인해 16파운드를 받는데 어린이는 인터넷 예약을 받지 않는다.

Original은 인터넷 예약 요금이 어른은 16.5파운드, 어린이는 11파운드다.

Original은 티켓에 Free river cruise가 포함되어 있다.

Big Bus나 Original은 모두 한 장의 티켓으로 24시간 이용할 수 있다.

인터넷 예약의 경우에는 e-ticket을 출력, 런던에서 사용할 수 있다(사용방법 홈페이지 참조).

정식 Ticket을 한국에서 받고 싶은 경우는 우편으로 요구할 수 있다.

(배달료 2.5파운드 / 기간은 7~10일)

〈홈페이지〉
The Big Bus Company:
www.bigbus.co.uk
Original London Sightseeing Tour:
www.theoriginaltour.com

임스 파크다. 공원은 이미 가을 분위기가 물씬 배어난다. 런던은 나무와 그늘이 있는 곳이면 어디나 그런 느낌을 한 조각씩 품고 있는 것 같다.

잠시 잔디에 앉아 휴식을 취했다. 작은 호수에서 오리들이 노닌다. 이대로 앉아서 마냥 런던의 분위기에 취하고 싶지만 볼 것 많은 우리들은 금방 일어서야 했다.

걸음 셋. 웨스트민스터 사원은 가볍게 통과

웨스트민스터 사원. 고딕 양식의 대표적인 건물이다. 프랑스에서 온 노르만인 윌리엄이 1066년 이곳에서 처음으로 대관식을 치렀고, 그 후 40명이 넘는 영국 왕들의 대관식이 차례로 치러졌다. 이 사원 안에는 초서, 찰스 디킨스, T.S.엘리엇, 윌리엄 워즈워스 등 영국 역사상 위대한 인물들이 묻혀 있다. 1997년 다이애나 황태자비의 장례식이 치러진 곳도 바로 이곳이다.

매일 17시에 미사가 열리지만 들어가 구경하기엔 시간이 꽤 걸릴 것 같다. 똑같은 사원은 아니겠지만 유럽 곳곳의 다른 사원들을 생각하며 웨스트민스터 사원은 눈요기로 가볍게 만족하기로 했다.

사원의 장엄함을 뒤로 하고 두 개의 쌍둥이 종탑 건너편에 있는 화장실만 이용했다. 입장료는 50펜스, 우리나라로 치면 900원인 셈이다. 화폐는 10페니에서 2파운드 동전까지 다양하게 사용할 수 있다.

걸음 넷. 발품 팔며 보는 런던이 좋다

빅벤을 지나 웨스트민스터 브리지를 통해 템스 강을 건너니 바로 왼쪽에 런던아이가 있다. 정식명칭은 'British Airways London Eye'로 일종의 놀이 공원 관람차라고 보면 된다. 이전에는 템스 강변에 다다르면 제일 먼저 보이는 것이 빅벤이었으나 지금은 런던아이다.

높이 150m, 지름 134m인 런던아이는 주위의 건물보다도 높아 어지간한 곳에서는 다 보인다. 한 번에 30분이 걸리는데 정점에서 보는 런던 풍경은 장난이 아니라 한다. 그러나 우리 가족은 위에서 내려다보는 런던을 좋아하지 않는다. 발품을 팔면서 부지런히 다니는 가운데 보는 런던을 좋아한다.

다리를 건너 뒤를 돌아보니 빅벤이 한눈에 들어온다. 몰리는 인파 속에 우리도 같이 묻혀 다니고 있다. 여기가 런던이다. 불현듯 정말 우리가 런던에 왔다는 것이 느껴졌다.

걸음 다섯. 우리나라에는 이순신 장군이 있다

트라팔가 광장은 영국의 넬슨 제독이 나폴레옹의 프랑스 함대와 스페인 함대를 무찌른 '트라팔가 해전'을 기념하기 위해 만든 광장이다.

트라팔가 해전은 1805년 이베리아 반도 남서부의 트라팔가 곶에서 넬슨이 이끄는 영국 함대가 빌뇌브 제독이 지휘하는 프랑스-에스파냐 연합함대를 격파한 해전이다. 이 해전에서 넬슨은 전사했지만 결국 나폴레옹의 영국 상륙은 수포로 돌아갔다.

트라팔가 해전을 비롯해 B.C 480년 그리스 테미스토클레스 제독의 살라미스 해전, 1588년 영국 하워드 제독의 칼레 해전, 1592년 이순신 장군의 한산대첩을 세계 전쟁사에 큰 획을 그은 세계 4대 해전이라 일컫는다.

영국에 넬슨 제독이 있다면 우리나라에는 이순신 장군이 있다. 넬슨 제독과 비견할만한 이순신 장군의 역동적 삶의 에너지를, 그 성숙한 인간미를 이곳에서 깊이 음미해 본다.

광장에는 비둘기들이 많았다. 인기척에도 아랑곳하지 않는 비둘기들. 요한이가 발로 쫓으니 오히려 '너 뭐냐'는 듯 샌들을 콕콕 쪼아댄다.

Walking London

런던이 한눈에 보이는 높이 150m의 런던아이.

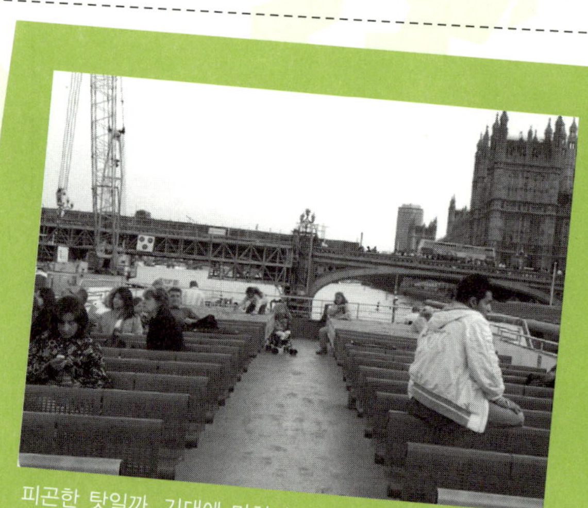

피곤한 탓일까. 기대에 미치지 못했던 템스 강 유람선.

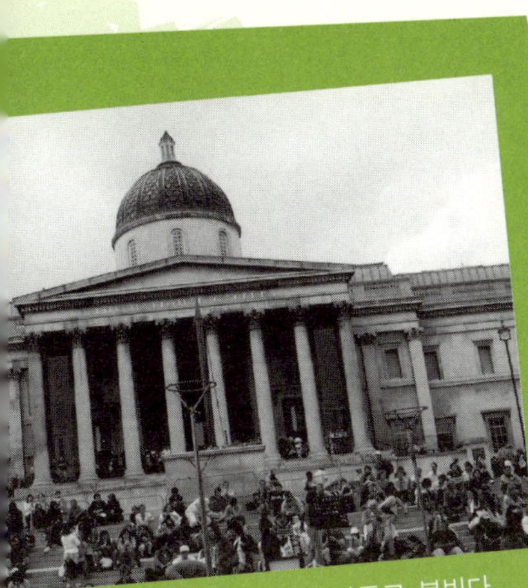

트라팔가 광장은 언제나 사람들로 붐빈다.

런던 차이나타
운의 풍경.

을씨년스러운 역사를 지닌 런던탑.

피카딜리 서커스의 삼성 간판이 눈길을 끈다.

피카딜리 서커스로 갔다. 런던 최고의 번화가인 만큼 제법 사람들이 많이 보인다. 길가에 우리나라 기업, 삼성의 광고판도 크게 보인다. 노점상에서 'LONDON'이라는 글자가 새겨진 열쇠고리를 기념으로 몇 개 샀다. 작은 식료품 가게가 보이기에 얼른 들어가 생수 한 병, 작은 음료수 2병, 과자 1봉을 샀더니 3파운드다. 비싼 런던 물가를 실감한다.

레스터 스퀘어. 피카딜리 서커스 그리고 코벤트 가든과 더불어 런던 최고의 거리공연이 열리는 곳으로 수많은 거리 악사들과 행위 예술가들의 멋진 공연을 감상할 수 있다. 또 극장을 비롯한 주요 뮤지컬 전용관이 집중적으로 모여 있어 전 세계 뮤지컬 마니아들에게 큰 인기다. 티켓은 거리 곳곳에 있는 할인 매표소에서 저렴하게 구입할 수 있다.

바로 옆에 유명한 런던의 차이나타운이 있다. 차이나타운은 런던 한복판, 우리나라로 말하면 서울의 명동 같은 곳에 대규모로 자리를 잡고 있다. 그에 비해 한인타운은 아직 규모도 작고 런던 외곽에 위치해 있다.

> **TIP 런던의 한인타운**
>
> 영국의 한인타운은 뉴 몰든(New Malden)이다. 시내와 떨어져 있어 찾아가기 불편하다. 지하철 윔블던 역에서 국철로 두 정거장을 가면 된다(25분 정도 소요). 혹은 워털루 역에서 열차를 타고 갈 수도 있다. 유학생들과 주재원들이 주로 거주하는 한인타운은 다른 나라의 비해 규모가 작은 편이지만 식당, 식료품점, 노래방까지 한국식으로 두루 갖추고 있다.

저녁을 먹기로 하고 차이나타운으로 들어갔다. 도시의 번화가에서 음식을 저렴하게 먹으려면 적당한 곳이 바로 차이나타운이다. 좀 둘러보니 길가에 한국 음식점이 눈에 띈다. 분명히 한국 레스토랑이라 써있다.

가게 이름은 KINTARO SUSHI로 일식집 같지만 메뉴에는 순두부찌개도 있고 비빔밥도 있다. 횡재다. 행운은 항상 예기치 않은 곳에서 생긴다.

순두부찌개, 김치찌개, 된장찌개는 4.9파운드, 비빔밥은 5.9파운드다. 한국 음식은 외국에서 먹으면 대체로 비싼 편인데 여기는 현지 음식 가격과 별반 차이가 없다. 밑반찬은 깍두기와 오이김치가 나오고 밥도 많이 담아준다. 그러나 역시 유럽은 유럽이다. 물은 사서 먹어야 한다.

음식은 유럽 사람의 입맛에 맞추어 변형되지 않은 토종의 맛이다. 해외여행을 하면서 한국 음식이 그리워질 때 중 하나가 막 외국에 도착해서다. 비행기 기내식을 먹으면서 벌써 김치와 밥을 그리워하는 것도, 피자와 햄버거를 먹으면서 김치를 떠올리고 입맛을 다시는 것도 한국 사람 아닌가.

걸음 일곱. 템스 강을 따라 하루가 저문다

호텔까지는 유람선을 이용한다. 파리의 세느 강에서도 유럽 유람선을 경험할 수 있지만 한국에서 이미 넓은 템스 강에서 유람선을 타기로 우리끼리 합의를 봤다.

유람선에 올랐다. 배는 넓은 강을 따라 타워 브리지 방향으로 향했다. 갑판에 가만히 앉아있으니 잠이 온다. 비행기에서 시차조절에 실패하고 종일 돌아다녔으니 피곤할 만하다. 지금은 한국으로 말하면 자정도 훨씬 넘긴 오밤중 아닌가.

타워 브리지에 거의 접근하니 군함 한 척이 보인다. 벨파스트 호다. 2차 대전 참전 후 퇴역하여 지금은 박물관으로 쓰이는 군함이다. 군인들의 배 안 생활을 마네킹을 통하여 보여주는데 나는 관심이 많지만 가족들이 별로 관심이 없는 것 같다.

유람선에서 내리니 호텔로 직접 가는 길이 보이지 않는다. 런던 성 뒤쪽으로 돌아서 가는데 주변에 정박해 있는 요트마다 활기가 넘친다. 파티가 한창인 요트도 보이고 부부가 나란히 앉아 이야기를 나누고 있는 요트도 있다. 참 평화로운 저녁 풍경이다.

　호텔. 객실에서 보는 타워 브리지가 너무 멋있다. 우리나라의 영어책에 등장하는 타워 브리지 사진의 배경으로 등장하기도 하는 호텔이니 위치는 정말 'Good' 이다.
　샤워를 하고 나오니 요섭이는 씻지도 않은 채 잠이 들었다. 녀석, 피곤하기도 했겠지. 유럽에서의 첫날이 아이의 숨소리를 타고 고요하게 지나간다.

 # 비싼 런던 물가, 틈새시장을 공략하다

　6시 45분, 다른 방 식구들이 아침을 재촉한다. 얼른 자리에서 일어나 체조를 했다. 평소에도 거르지 않는 아침 체조는 물 한 컵, 그리고 잘 씻은 사과와 함께 건강을 유지시켜 주는 나만의 비법이다.
　식당. 일단 정탐을 나갔다. 완전히 양식천하다. 종류가 워낙 다양한지라 선뜻 선택하기가 힘들다. 이름도 모르는 과일들을 과감하게 접시에 올렸다. 실험정신이다. 요리사가 되려 하는 사람은 어떤 음식이고 먹어보기를 두려워하면 안 된다. 짜면 짠대로 맛이 이상하면 이상한대로 인내하며 먹어야 한다.
　어제 오전에 겪은 크고 작은 사건들을 저 멀리 띄워 보내고 여유롭게 식사를 즐긴다. 누가 알겠는가. 어제 우리가 겪은 행운을. 오늘 이 자리에 앉아있기까지의 그 구구절절한 사연을. 우리는 처음부터 이 호텔에 예약을 한 것처럼 우아함을 한껏 뽐내며 담소를 나눈다.

　다른 방 식구들은 어제 타워 브리지가 열리는 광경을 보았다고 한다. 밤 10시가 넘어서 차량을 통제하더니 다리가 위로 솟구치듯 나누어지는 모습 하며, 그 사이로 배가 지나가는 모습이 장관이 따로 없었단다. 그런 날이 일년에 몇 번 안 된다는데 날을 잘 맞췄다 싶다. 살짝 부러워지기도 했다.

　타워 브리지를 걸어서 넘었다. 어제처럼 타워 힐 역에서 관광을 시작하면 일정이야 잘 풀리겠지만 타워 브리지를 체험해보는 것도 멋진 일이지 싶었다. 템스 강을 건너 런던 브리지 역에서 지하철을 타면 된다.

생생한 체험을 위해 우리는 타워 브리지를 걸어서 넘었다.

　역으로 가는 길, 할로윈 유령 같은 그림들이 잔뜩 붙여진 건물 앞에 사람들이 길게 서 있다. 모두들 흥미진진한 표정이다. 공포 체험장으로 꽤 알려진 런던 던전이다. 이곳은 영국인들이 가장 좋아하는 장소로 지방 중고등학교의 수학여행 단골코스라 한다. 여기저기 뒹굴던 시체의 '벌떡' 쇼와 악마들의 모의재판 등 살벌함이 넘친다. 특히, 영국에서 벌어졌던 가장 잔인한 살인방법과 런던 대화재를 재현해놓은 모습이 압권이라는 소문이다.

　자자한 명성에 마음이 동하기도 하련만 우리는 이곳을 그냥 지나치기로 했다. 이역만리 아무도 아는 사람이 없는 이 현장에 우리 가족 4명만이 덜렁 떨어져 있다는 사실! 그 자체가 이미 스릴이고 서스펜스고 공포의 현장인데 여기

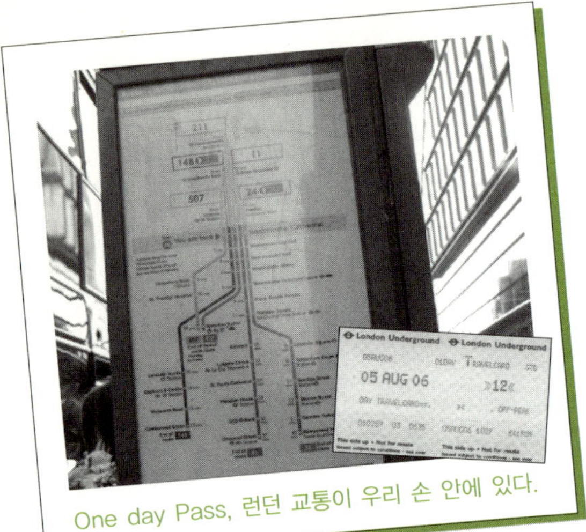

One day Pass, 런던 교통이 우리 손 안에 있다.

에 공포 한 가지를 더 추가시킬 마음은 없다.

지하철역에 도착했다. 오늘도 One day Pass를 끊었다. 어제 이 패스를 끊어서 본전을 뽑고도 남았기 때문에 오늘도 재미를 보기로 했다.

런던의 지하철은 19세기 중엽에 건설되었으니 벌써 백년이 넘었다. 그래서인지 차량 내부가 우리나라보다 작고 에어컨도 없어 상당히 덥다. 빅토리아 역이다. 더위를 떨쳐내듯 서둘러 내렸다

빅토리아 역 도착. 참 크다. 사람들로 넘친다. 테러의 위협 때문일까, 코인 로커가 보이지 않는다. 이정표를 따라 보관소에 가니 짐을 맡기려는 사람들의 줄이 너무 길어 결국 오늘은 짐을 가지고 다니기로 했다.

8번 버스를 탔다. 2층이다. 런던의 시내 광경을 내려다보며 가고 있으니 목적지가 없어도 좋다. 그냥 이대로 다니면 이게 바로 런던 구경이고 'Sightseeing' 아닌가.

토튼햄 코트 로드 역 근방에서 하차했다. 길거리의 그림들 사이로 옷가게들이 보인다. 언제 어디서나 반가운 'Sale' 이라는 낯익은 글자를 따라 가게로 들어선다. 한 칠 부쯤 되려나. 요섭이가 맘에 드는 바지를 골라잡았다.

이곳의 바지 패션은 허리가 아닌 그 아래 엉덩이 위쪽에 걸치는 식으로 힙합 패션과 흡사하다. 그래서 바닥에 앉게 되면 팬티가 다 보이는데 어떤 여자들은 팬티 뿐 아니라 엉덩이 윗부분이 보일 정도다. 그런데도 태연하게 앉아있는 걸

보면 여기서는 흔한 젊은이들의 패션인가 보다.

또 다른 가게에 들어가니 종류가 다양하고 가격도 싸다. 티셔츠가 5파운드 정도 되기에 요섭이와 내 티셔츠를 하나씩 샀다. 비싼 런던 물가를 생각할 때 이런 틈새를 파고들어 싼 값에 산 옷들이 나름 흐뭇하다.

 # 대영 박물관 '맛' 보기

드디어 목적지 당도, 대영 박물관이다. 세계 최초의 국립 박물관으로 1759년 골동품 연구가 취미인 의사 한스 슬론 경의 유언에 따라 그의 수집품과 왕실 소장품을 전시한 것이 그 시초다. 인심도 후해서 세계적 유명세에도 무료인 것이 더 맘을 끌어당긴다.

맛 하나. 영국에서 보는 이집트

입구 가까이에 있는 이집트관에서 람세스 2세 석상이 보인다. 모르는 사람들은 람세스 2세가 이집트에서 추앙받는 성군이라고 생각하지만 실제로는 그리 훌륭한 통치자가 아니었다. 고증에 의하면 람세스 2세 때의 이집트는 나일 강 유역의 패권을 차지하기 위하여 히타이트와 전쟁을 치러야 했다. 치열한 전쟁 끝에 이집트는 완패했지만 후세에 오점을 남기기 싫은 왕은 패전을 승전으로 기록하게 했다. 그렇게 67년이라는 긴 기간 동안 이집트를 통치한 왕이 바로 람세스 2세다.

사진으로 많이 보던 모습이라 낯익다. 이 석상의 가슴에는 구멍이 뚫려 있다. 구멍은 프랑스군이 급히 가져가려고 뚫었지만 결국 경쟁에서 승리한 영국

세계 최초의 국립 박물관인 대영 박물관은 상당히 깔끔하다.

이집트에서 약탈해온 물건들로 가득한 이집트관이 씁쓸하다.

대영 박물관의 한국관.
우리의 문화가 좀 더 널리 전파되기를 바란다.

군의 소유가 되어 지금 이곳에 자리하게 되었다. 사실 남의 것을 허락도 없이 강탈해온 작품이다. 우리는 이집트에 갈 것도 없이 이곳에서 무료로 잘 감상하고 있지만 이 모습을 바라보는 이집트 사람들은 얼마나 답답할까. 커다란 돌조각도 전시되어 있다. 저건 또 어디에서 떼어왔을까 하고 무심히 지나치는데 아이들이 로제타스톤이라고 한다. 문화재는 공부한 만큼 보인다고 하더니 스스로의 준비 부족이 아쉽다.

수많은 미라들이 전시되어 있는 앞에서 사람들이 사진을 찍는다고 난리다. 그 사이로 지나며 나는 그저 점잖게 한 마디를 건네 본다.

'당신은 죽었고 나는 살았구려.'

한국인으로서 한국관을 그냥 지나칠 수는 없다. 한국관은 한국을 알리기 위해 우리나라 한 기업과 국제 교류 재단이 박물관 측에 120만 파운드를 지원하여 1992년에 만들었다. 그래서 이곳의 전시물은 영국이 강탈해온 물건들이 아니라 우리나라가 자발적으로 기증한 물건들이다.

북한에 관한 자료는 다른 방에 전시되어 있지 않고 통로에 전시되어 있다. 그림도 있지만 대부분 선동 구호 일색이다. 작품성보다는 선전성이 강한 작품들이 씁쓸하다.

시원하다. 나가기가 싫다. 일설에 의하면 대영 박물관에서 유일하게 한국관만 에어컨이 나온다고 한다. 모두 확인해보지는 못했지만 우리가 둘러본 바로는 맞는 말인 것 같다. 그래서 대영 박물관에 대한 지식이 있는 사람들은 일부러 관람 중간에 더위를 식히려고 한국관으로 온다. 당연히 외국인들도. 이렇게 해서 사람들이 한국관에 몰려들면 우리나라의 문화가 소개되고 좋은 일인 것 같다. 아, 전시되어 있는 대청마루에서 늘어지게 한잠 자고 갔으면 좋겠다.

대영 박물관은 맛보기다. 아니, 비단 대영 박물관 뿐 아니라 대부분의 사람들에게 있어 박물관이라는 것은 문화의 맛보기가 아닐까. 박물관 하나를 꼼꼼하게 보자면 여러 날이 걸리는 건 당연지사, 공연히 박물관에 며칠씩 출석 도장을 찍느니 다른 도시를 둘러보는 것이 견문을 넓히는 데는 도움이 될 것이다.

박물관 정문 앞에 '비빔밥 까페'라는 한국 음식점이 있다. 여행 전 인터넷에서 미리 정보를 얻어놓은 상태였다. 비빔밥, 김치찌개 모두 5파운드다. 아쉬운 것이 있다면 어제 한식당에서는 깍두기와 오이김치를 밑반찬으로 제공했지만 여기서는 김치도 따로 주문을 해야 한다는 점이다.

가게 안으로 막 들어서는데 '식사를 제대로 못해 죽을 뻔 했다'는 청년들의 '잘 먹고 간다'는 인사가 기대를 돋운다.

 때로는 '쉼'이 더 짜릿하다

다시 거리를 걷기 시작했다. 마차를 타고 영국 정장을 말쑥이 차려 입은 부부가 지나간다. 정체를 알 수 없는 그 한 대의 마차에만 중세 영국의 시간이 흐르는 듯하다.

풍경에 생각을 맡기며 발걸음을 옮기다 보니 길이 낯설다. 혼란스러울 때는 무조건 큰 길로 나가야 한다는 단순한 진리를 몸소 실행하니 어제 지났던 레스터 스퀘어가 나온다. 반액 뮤지컬 표를 사려고 줄을 서있는 사람들의 모습은 어제와 동일하다.

런던에서 보는 뮤지컬이라. 여행을 준비하며 우리는 '오페라의 유령'을 감상하고자 계획을 타진했었다. 하지만 하루 반의 런던 일정에서 뮤지컬을 본다는 것은 그리 쉽지 않았다. 첫날 오후 공연을 보자니 오후를 모두 투자해야 한다는 부담과 시차로 인해 공연 도중 잠으로 빠져 버리는

세인트폴 대성당.
우리는 이곳에서 '쉼'을 선택했다

불상사가 우려되었다. 둘째 날은 공연 시간이면 이미 로마행 비행기에 몸을 실어야 했기에 선택의 여지가 없었다. 더구나 가격대를 알아보니 두 번째로 좋은 객석의 요금이 거의 30만원(4인)을 육박해 예산상에도 무리가 있었다.

지하철을 탔다. 역시 덥다. 차라리 승강장이 더 시원하다.

피카딜리 서커스라인을 타고 가다가 홀본 역에서 갈아타고 세인트폴 역에서 내렸다. 런던에서의 마지막 목적지에 가기 위해서다.

세인트폴 대성당. 거대한 돔을 씌운 르네상스 양식의 건물이다. 1666년 런던 대화재 때 전소되었으나 35년이 걸려 재건했다. 이 성당에서 1981년 다이애나 왕세자비와 찰스 왕세자가 결혼식을 올렸다. 성당의 지하 납골당에는 넬슨, 웰링턴 등 전쟁영웅들과 화가 레이놀즈, 〈피터팬〉의 작가로 유명한 J. 배리 등의 예술가들, 그리고 나이팅게일 등 200여 명의 유명인이 묻혀 있다.

중후한 풍채의 한 신사가 일러준 대로

미국의 브로드웨이(Broadway)와 영국의 웨스트 엔드(West End)는 세계 뮤지컬 시장의 양대 산맥이다. 매일 밤 100여 개의 공연을 통해 관람객들에게 재미와 감동을 선사하는 웨스트 엔드는 공연예술의 천국이다.
뮤지컬 예약은 한국에서도 가능하다. (www.ticketmaster.co.uk)
또 여행사에서 항공권을 구입할 때 여행사에 부탁하면 별도의 수수료 없이 뮤지컬 예약 서비스를 대행해주기도 한다. 현지의 티켓 오피스에서 구입할 수도 있는데 수수료를 받기 때문에 극장에서 구입하는 것보다 조금 비싸다.
자신이 보고자 하는 뮤지컬을 공연하는 극장에 가서 직접 구입하는 것이 가장 확실한 방법이다. 하지만 당일 표는 매진되는 경우가 많다. 레스터 스퀘어 거리 곳곳의 할인 매표소에서 할인된 가격에 구입할 수도 있다.

가보니 성당 정문 대신 쪽문이 나온다. 잔디가 보인다. 사람들이 앉아서 쉬고 있고 일련의 젊은이들은 둥그렇게 앉아서 열띤 대화를 나누고 있다. 그 분위기를 타고 우리 가족도 구경보다 쉼을 선택한다. 자리를 펴고 누우니 청설모가 달음질친다. 오늘은 파란 하늘이 보이는, 런던에서는 드물다는 맑은 날이다. 패키지에서는 결코 누릴 수 없는 자유의 낭만이 기분 좋게 몸을 감싼다. 아! 오늘 일정 중 최고의 순간이다.

개트윅 공항 찾아 삼만 리

이제 공항으로 가야 한다. 우리가 타고 갈 이지젯 항공은 런던의 개트윅 공항에서 뜨고 내린다.

히드로가 아닌 개트윅을 이용하는 이유는 이용료 때문이다. 이지젯을 비롯한 대부분의 유럽 저가 항공사는 운항원가를 줄이기 위해서 같은 도시더라도 공항 이용료가 저렴한 곳에서 취항한다. 그래서 저가 항공사의 취항 공항은 외곽 쪽에 위치한 경우가 대부분이다.

개트윅 공항으로 가장 빨리 가는 방법은 빅토리아 역에서 개트윅 익스프레스를 타는 것이다[어른 14파운드, 어린이 8파운드]. 런던 남쪽으로 50km나 떨어진 개트윅 공항까지도 30분 정도면 충분하다.

빨리 가는 것보다 창밖의 풍경을 즐기면서 가고 싶다면 빅토리아 코치 역에서 777번 버스를 타고 가면 된다. 그러나 정확한 배차간격과 공항까지 소요되는 시간을 모르는 우리는 그러한 시간상의 모험을 걸 수 없다.

빅토리아 역으로 가는 버스를 타려고 했지만 이정표와 기사의 이야기가 서로 다르다. 돌아가는 상황이 이상하다. 아직 시간적 여유가 있었지만 지금 여기에 빅토리아 역으로 직접 가는 버스가 없으면 어찌해야 하는가. One day Pass로 교통수단의 이용은 자유롭지만 런던의 지리와 교통편을 잘 모르는 우리는 난감해지기 시작했다.

큰 역으로 가자. 워털루 역으로 가면 분명 빅토리아 역으로 가는 버스 한 대쯤은 있으리라는 계산이었지만 빅토리아 역으로 가는 버스는 보이지 않는다. 계산착오다. 이제 시간이 촉박하다. 비행기를 놓치면 이틀의 일정이 어긋나버린다. 로마는 고사하고 뮌헨까지 쉬지 않고 강행군해야만 한다.

택시를 타기로 했다. 택시비를 부담하는 것이 비행기를 놓치는 것보다는 낫지 않겠는가. 하지만 택시 타는 정류장이 보이지 않는다. 영국의 택시들은 서는 정류장이 따로 있어서 아무데서나 부른다고 태워주지는 않는다. 어디서나 '손들면 다가오는 당신' 인 우리나라 택시가 그리워지는 순간이다. 그렇게 또 황금 같은 몇 분이 지나간다.

더 이상 지체할 수 없는 우리, 선택은 하나다. 지하철! 다행히 금방 지하철이 왔다. 웨스트민스터 역을 거쳐 무사히 빅토리아 역에 도착했다.

안도도 잠시뿐이다. 열차 매표소 앞에 늘어선 줄이 애를 태운다. 대기하고 있던 열차가 출발할까봐 더없이 입이 마른다. 파리로 가는 비행기의 출발 시간은 17시 40분. 언뜻 기억하기에 출발 한 시간 전에 수속을 마감한다고 했는데 다음 열차를 타면 우리의 공항 도착 예정 시간은 16시 45분이다. 어찌되려나.

자리에 앉자마자 비행기 예약 상황 체크하기에 바쁘다. 다행히 수속 마감이 출발 30분 전으로 되어 있다. 최악의 상황은 면한 것 같다.

열차는 정확히 16시 15분에 출발하였다. 남의 속도 모르고 열차는 정거장도 아닌 곳에서 정차를 반복한다. 출발한지 45분이 지났음에도 열차는 여전히 달리고 있다. 타들어가는 마음을 달래듯 방송이 나온다. 금방 도착할 것이라고.

게트윅 공항. 표시된 대로 C구역으로 가니 주황색의 이지젯 수속대가 보인다. 여기서도 줄이 줄어드는 속도가 더디다. '시간은 자꾸 가는데 집에는 가야 하는데……' 가수 송창식의 노래가 내 마음을 대변하는 것처럼 자꾸 귓가를 맴돈다.

17시 3분. 이제 7분이 지나면 상황 끝이다. 우리 앞의 한 가족에게 예약 티켓을 보여주면서 양해를 구하니 자리를 양보해준다. 마감 시간을 5분 남기고 카운터 앞에 섰다. 데드라인(Dead line)을 톡톡히 체험했다.

보딩 패스가 이렇게 반가울 수 없다. 142번부터 145번까지의 번호가 반짝인다. 이는 지정석 번호가 아니다. 저가 항공사의 비행기는 따로 좌석을 정해주지 않는다. 그냥 비행기 안에 들어가서 앉으면 된다. 좋은 자리를 잡고 싶을 때에는 무조건 일찍 가는 수밖에 없다. 급히 보안수속을 마치고 게이트를 향해 한달음에 달려갔다. 아직 입장전이다. 이제야 시름이 걷힌다.

남은 동전을 추려보니 4.11파운드. 영국 파운드는 더 이상 쓸 나라가 없으니 물과 빵, 초콜릿 과자를 구입해서 동전을 해결한다.

# 이지젯 OK!

드디어 탑승.

객실에서 근무하는 승무원은 4명이다. 기내방송도 앞에서 마이크를 잡고 한다. 승무원들의 복장도 유니폼을 입기는 했는데 활동성을 중요시하는 캐주얼한 복장이다. 미모보다는 활동성과 능력, 경험을 중시한다는 느낌이 확연하다. 움직임도 활발하고 자유스럽다. 절제와 품위를 중시하는 메이저 항공사와는 사뭇 다른 느낌이다.

이 비행기에 동양인은 우리 가족 뿐인 것 같다. 156명 중 4명.

아직까지 우리나라에서는 영국에서 유럽 대륙으로 나갈 때 프랑스 파리나 벨기에 브뤼셀로 가는 유로스타가 유명하다. 하지만 가격 면으로 보면 지금 우리가 타고 있는 이지젯 요금이 유레일패스를 가지고 할인 받은 유로스타 2등석 요금보다 더 싸다. 대신 어떤 기내서비스도 제공되지 않는다. 모두가 유료다. 커피, 샴페인, 머핀 등 간단한 식료품들이 영국 파운드, 스위스 프랑, 유로의 세 가지 화폐로 거래된다.

피곤하다. 오후에 세인트폴 대성당을 출발한 뒤로 이 비행기에 오르기까지 너무 힘들게 뛰어다녔다. 어느새 구름 위로 올라선 비행기, 이 '구름 위의 산책'은 몇 번을 보아도 장관이다. 잠든 아이를 깨워 그 장관을 나눈다.

승무원들이 큰 비닐봉투를 들고 다니면서 승객들이 먹고 남긴 음식물과 휴지 등 쓰레기와 종이류를 분리수거한다. 그 모습들이 참 재미있다. 역시 저가항공사의 운영방침답다.

땅이 가까워졌다. 런던에서 로마까지 1시간 50분 남짓 날아왔다. 너무나 사뿐한 착륙에 요동도 별로 느껴지지 않는다. 비행 내내 귀가 아픈 일도 별로 없고 편한 비행이었다. 이지젯 OK다.

입국 수속은 싱거울 정도로 간단했다. 컨베이어 벨트 위로 요한이의 배낭이 제일 먼저 얼굴을 내민다. 로마에서의 새 출발이 설레는 듯 빨갛게 얼굴을 붉히고.

영국에서의 비용 602,524원

〈단위: 영국 파운드〉

히드로 익스프레스	43.40(81,642원)	OFF-PEAK	11.8(22,196원)
점심 식사	29.19(54,906원)	화장실	2(3,762원)
간식	3(5,643원)	저녁 식사	14.7(27,651원)
유람선	18(33,858원)	숙박비	226,900원
호텔 팁	2(3,762원)	OFF-PEAK	11.8(22,196원)
점심 식사	16(30,096원)	개트윅 익스프레스	44(82,764원)
간식	3.8(7,148원)		

Trip
02

ITALY

피해갈 수 없는 택시와의 한판승

로마 참피노 공항. 시간은 로마 시간으로 21시를 넘겼다. 밖으로 나오니 주위가 어수선하다. 공항 밖에 버스 한 대가 대기하고 있는데 지금 공항에서 내린 승객들을 로마 시내까지 운송해주는 버스라 어림짐작해 본다.

우리 가족은 인원수로 볼 때 택시가 편리하리라는 생각에 택시 쪽으로 발을 옮겼다. 이곳에서는 택시를 타기 전에 기사와 미리 흥정을 해서 로마 시내까지 가는 요금을 결정해야 한다. 그래야만 나중에 낭패를 당하지 않는다.

우선 기선제압을 위해 힘차게 손을 들며 'Taxi'를 호기 있게 외쳤다. 떼르미니 역 근처의 호텔 바우처를 보여주니 60유로를 부른다. 그러나 사전정보에 의해 우리의 마지노선은 50유로다. 단호하게 Fifty! 기사들끼리 수군거리더니 한 사람이 다가온다. 호텔 바우처를 보여주고, 확인시키기 위하여 다시 한 번 'Fifty'를 외쳤다.

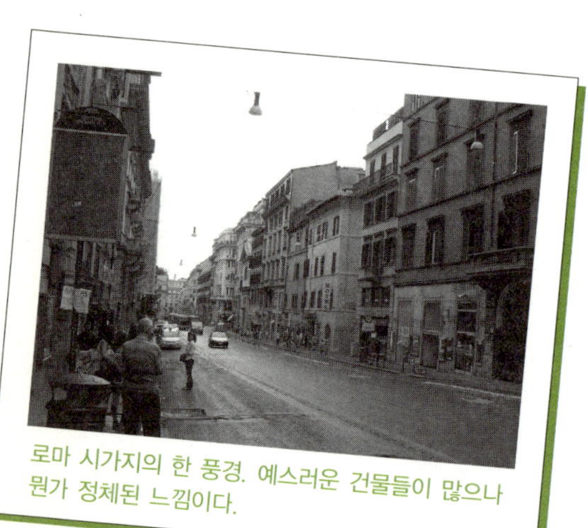

로마 시가지의 한 풍경. 예스러운 건물들이 많으나 뭔가 정체된 느낌이다.

택시 기사는 화끈남이었다. 덩치도 크고 명랑하고 웃음이 넘치는 모습이 전형적인 이탈리아 사람이다. 'Italia Soccer No 1' 하고 치켜세워 주었다. 택시 안의 침묵이 답답했는지 아내가 '오 솔레미오'를 외쳤다. 이에 응하듯 기사가 '오 솔레미오' 노래를 부르기에 나는 '라 스파뇰라'를 이태리어로 부르며 화답했다. 발음이 엉망이련만 기사는 열심히 들어준다. 내가 차 안에서 뭔가를 쓰고 있으니 불도 켜주고 기사의 서비스가 만점이다.

차는 큰 길을 버리고 작은 길로 접어들었다. 아마도 테르미니 역에 근접했나 보다. 테르미니 역 근처를 돌며 호텔 위치를 찾는다. 후진도 했다가 옆 골목도 들어가고 하더니 마침내 호텔을 찾아내 차를 멈춘다. 우리는 처음 흥정대로 50유로를 기사에게 건네주면서 '그라찌에(고맙습니다)', 택시 안에서 배운 이 탈리아 말을 써먹는다.

그런데 갑자기 기사의 표정이 변한다. 이탈리아 말로 막 뭐라고 하는데 아마 도 언뜻 60유로를 이야기하는 것 같다. 우리가 50유로라고 말을 하니 종이에 다가 65를 썼다 지우고 60을 쓴다. 아마도 '내가 이 정도까지 호텔을 찾느라 수고를 했으니 니들이 65유로를 주어야 하는데 내가 그래도 좀 양보해서 60 유로만 받는 것이다' 라는 의미 같다.

말로만 듣고 책으로만 읽었던 이탈리아에서의 택시요금 시비다. 기사가 목 소리를 높이며 점점 기세등등해진다. 더 싸우기도 싫고 기사가 수고를 한 것도 사실이라 그냥 10유로를 더 줄까 하는데 요한이가 종이에다가 50이라고 쓰고 기사와 맞서기 시작한다. 어린 마음에 이런 식으로 기사에게 당하는 것이 너무 억울했나보다.

팽팽한 접전이 오가기 시작하는 찰나, 승부는 새로운 국면을 맞이했다. 길 가던 한국 여학생이 이 광경을 보고 우리에게 다가온 것이다. 복장을 보니 배 낭여행객이 아닌 유학생같은 느낌이다. 중과부적임을 느꼈는지 기사가 말없이 차를 몰고 가버렸다. 이.겼.다! 인사도 제대로 못했는데 힘을 보태준 여학생은 이미 사라지고 없다. 영화 속 영웅처럼 말없이 떠나는 멋진 모습.

호텔에 들어섰다. Corot Hotel. 싱글 침대 두 개가 나란히 붙어있는 방은 나머지 공간이 별로 없다. 당연히 어제 런던 호텔보다는 방이 좁을 수밖에 없다. 하긴 가격 차이가 얼마인데.

밖으로 나오니 바로 보이는 테르미니 역이 제법 크다. 100m도 채 안 되는 거리. 역의 1번 카운터 쪽에서 보이는 길로 직진하면 바로 호텔이다. 위치는 만족스럽다.

지하에 있는 Drugstore에 들어갔다. Drugstore는 약국이 아닌 우리나라 수퍼마켓의 개념이다.

이탈리아의 관광지에서는 특히 생수값이 비싸지만 5년 전에도 Drugstore를 이용해 싼 가격으로 물을 사먹었던 기억을 떠올린다. 이곳에선 1.5리터 생수 한 병이 0.6유로 정도 한다. 역시 Drugstore는 싸다.

가족들에게 가스가 있는 물을 마셔보지 않겠냐고 물어보니 모두들 'No' 다.

저녁을 제대로 챙겨 먹기에는 너무 늦은 시간이라 호텔 방에서 바나나와 초코바로 간단하게 해결했다.

지식의 힘! 로마의 휴일을 만끽하다

6시 20분에 눈이 떠졌지만 이런 저런 생각을 하며 그냥 자리에 누워 있었다. 7시가 되니 종이 울린다. 주일을 알리는 예배당의 종소리일까.

식당에 가니 조그만 포트에 커피를 담아 따로 준비해준다. '원하는 만큼 편하게'라는 의미다. 음식은 뷔페 스타일이다. 종류가 다른 빵들, 잼, 요구르트, 소시지, 주스, 우유, 오트밀 등 전형적인 서구식 아침이다.

옆 테이블의 한국인 부자와 자연스럽게 인사를 나눴다. 이미 스위스를 거쳐 이탈리아 밀라노를 보고 로마에 왔다는 그들은 바티칸 박물관을 적극 추천한다. 오늘은 휴일이니 내일 꼭 가보라며 이것저것 친절하게 알려준다.

사실 저녁에 로마를 떠나지만 차마 로마에 24시간도 머무르지 않는다는 말을 할

로마 시내 일일교통권은 따바끼에서 구입한다.

악사의 노랫소리로 흥겨운 로마의 지하철, 그러나 소매치기에 대한 긴장도 늦출 수 없다.

수가 없었다. 아쉽지만 그들의 추천지는 다음 기회에.

테르미니 역. 짐을 맡기기 위해 'Deposito bagagli'라는 이정표를 따라 지하로 내려갔다. 늘어서 있는 사람들의 짐이 상당히 크다. 꼭 우리나라의 공항터미널 같은 느낌이다. 공항 가는 사람들을 위한 보관소일까. 다시 위로 올라가보니 짐 맡기는 곳은 어디에도 보이지 않는다. 아까 그 곳이 맞다. 짐은 한 개당 5시간 기준 3.8유로고 한 시간 단위로 0.6유로의 초과요금이 붙는다.

유레일패스에 사인을 받기 위해 1층에 올라오니 2006 월드컵 우승 기념사진이 크게 걸려 있다. 2002 월드컵 이탈리아전의 기억이 살짝 스치고 지나간다. 'International Ticket'이라고 써있는 곳으로 가니 패스에 스탬프를 찍고 날짜를 표시해준다. 우리 패스는 15일 유효인데 사용기간을 두 달로 표시해왔다. 어차피 패스 자체에 '15days valid'라고 적혀 있어 이득이랄 것도 없다.

따바끼(Tabacchi, 담배가게)에 가서 일일교통권을 샀다. 한 장에 4유로, 4장 16유로를 지불하며 열심히 다녀야겠다고 다짐해본다.

로마는 지하철 노선이 두 개인데 특별한 명칭 없이 그냥 A, B라인이라고 부른다. 도시 전체가 유적덩어리인 로마는 미발굴된 유적들 때문에 지하철 건설이 힘들다. 그래도 두 개의 라인으로 대부분의 유적지 관광이 가능하다.

다만 카타콤은 지하철만으로는 갈 수 없다.

사실 여행지에 로마를 넣으며 아이들에게 카타콤을 보여주고 싶었다. 신앙의 정조에 따라 생사가 갈리던 암울한 시대 속에서 믿음을 지켰던 장소. 일상에 젖

어 경험의 한계 속에 갇힌 삶에 강한 물음표를 던질 좋은 기회라 여겼다. 그러나 오늘은 주일이다. 여행 루트를 계획할 때 휴일을 계산에 넣지 않은 실수다.

B선을 탔다. 두 정거장을 가는데도 사람이 조금 많았다. 한 악사가 연주하는 경쾌한 스페인 리듬이 흥을 돋운다. 지하철에서 내리고 보니 카메라 가방의 지퍼가 열려 있다. 다행히 옆쪽에 붙어있는 작은 포켓이다. 소매치기도 별 영양가가 없다고 생각을 했는지 문만 열어놓고 그냥 가버렸다. 이번은 무사했지만 다음은 어떻게 될지 알 수 없다. 긴장의 끈을 다시 붙잡는다.

지식 하나. 콜로세움에는 갓길이 있다

지상으로 나오니 바로 콜로세움이다. 사진으로 숱하게 보았고 예전에도 한 번 스쳐 지나간 적은 있었지만 이렇게 가까이에서 보니 과연 장관이다.

콜로세움은 로마에서 가장 큰 원형극장으로 둘레 527m, 높이 48m에 이르는 거대한 건축물이다. 4개 층이 서로 다른 양식으로 지어져 있어 건축을 공부하는 이들에겐 더없는 학습의 장이다. 처음에는 모의 해전장으로 쓰이다 배수 처리 때문에 검투장으로 바뀌었는데 로마에서 박해받던 기독교인들의 순교지로 대표적 성지이기도 하다.

지척에 콜로세움을 두고 방향을 튼다. 콜로세움은 워낙 유명해서 언제 가든지 한 시간 이상은 기다려야 한다. 빠듯한 하루 일정 가운데 그런 여유는 없다. 그렇다고 콜로세움을 건너 뛸 생각은 아니다. 우리에겐 비장의 카드가 있다. 느긋하게 걸음을 딛는다.

콜로세움 바로 옆에 위치한 개선문에서 잠시 발을 멈춘다. 315년 콘스탄티누스 대제가 라이벌 막센티우스를 밀 비안 다리 전투에서 물리친 것을 기념해 세워진 개선문. 파리 샹젤리제 거리에 있는 개선문의 모델로 더 유명하다.

거리 상점들 사이로 다시 발을 옮긴다. 로마 시내의 풍경이 담겨 있는 엽서를 샀다. 20장에 1유로. 요섭이는 'ITALIA' 라고 써있는 흰색 모자가 마음에 들었나보다. 5유로라는 말에 몸을 돌리니 얼른 'Three' 하고 외친다. 그 성의와 민첩성을 봐서 하나 구입했다. 그 모자는 여행 내내 요섭이의 트레이드마크로 사진마다 등장했다.

포로 로마노, 비장의 카드다!

포로 로마노 입장권은 콜로세움 입장권과 같이 한 세트로 해서 판매한다. 물론 포로 로마노는 입장권 없이도 일부분을 구경할 수 있지만 그것은 말 그대로 정말 일부분만이다. 입장권 구입까지 딱 5분!

포로 로마노. 고대 로마의 중심지다. 여기에서 대제국 로마의 사법, 정치, 상업, 종교 활동이 활발히 진행되었다. 대부분이 건물 잔해지만 테베 강 범람 당시 흙 속에 묻힌 덕분에 이렇게라도 보존될 수 있었다.

'쿠리아(Curia)' 라고 불리는 원로원 청사가 이곳의 핵심이다. 공화국 로마에서 갈리아 전투를 승리로 이끈 카이사르는 황제를 꿈꿨다. 기원전 44년 3월 15일, 황제 선임 논의가 막 시작되려는 찰나 브루투스가 칼을 휘두른다. '브루투스! 너마저도', 카이사르의 외마디 비명이 가득했던 곳이다.

날씨가 덥다. 온전한 건물은 거의 없다. 지나간 역사에 대한 통찰보다는 가족사진에 더 집중한다. 여행 준비를 많이 한 요한이는 자기가 연구했던 유적들을 찾아보는데 나에게는 '여행의 원활한 진행' 이 최우선이다. 건강하게, 배부르게, 재미있게! 가족이 눈앞에 보이면 그저 안심이다.

드디어 콜로세움으로 향한다. 역시 줄이 엄청나게 늘어서 있다. 문제없다. 우리에겐 통합 입장권이 있다. 역시 지식이 힘이다.

콜로세움 안에 엘리베이터가 있다고 하면 사람들이 믿을까. 현대 기계문명은 여기까지 파고들었다. 거동이 불편한 사람들을 위한 배려일까. 그렇대도 과거의 한복판에 자리한 현재가 좋게 보이지는 않는다.

콜로세움도 온전한 장소는 찾아보기 힘들다. 원래 바닥은 나무 목판이었고 그 밑은 검투사나 맹수들이 대기하던 장소였다. 지금은 나무가 다 썩고 그것을 받치고 있던 기둥만이 남아있다. 컴컴한 지하방에서 칼날 같은 하루하루의 삶을 곱씹었을 검투사들의 깊은 고뇌와 맹수들에게 뜯겨 죽임당한 순교자들의 마음이 흘러들어온다.

지식 둘. Brek, 부담 없이 즐기는 이탈리아의 맛

이탈리아 사람들은 하루에 다섯 끼를 먹는다고 한다. 빵과 과자, 그리고 커피로 아침을 연 후 점심 전에 간단한 간식시간이 있다. 오후 한 시경에 낮잠시간을 겸한 점심을 먹고 오후 5시쯤 또 한 번의 식사로 시장기를 때운다. 저녁 8시, 마지막으로 온 가족이 모여 느긋하게 대화를 나누며 정찬을 즐긴다고 한다.

세 끼를 먹는 우리 가족도 출출해질 시간이다. 콜로세움 근처의 FORNO A LEGNA, 야외에 자리를 잡았다. 피자 하나, 스파게티 하나, 콜라 한 잔을 시킨다. 피자는 5유로, 스파게티는 8유로, 콜라는 3유로.

거리에서 검투사 복장의 사람들이 음식을 먹고 있는 관광객을 놀라게 한다. 거리 퍼포먼스를 곁들인 야외식사에서 이렇게 또 하나의 즐거움을 발견한다.

드디어 음식이 나왔다.

Roman Holiday

콜로세움. 많은 검투사들과 기독교인들의 죽음을 생각한다.

콜로세움 바로 옆의 로마 개선문. 파리 개선문의 모델로도 유명
하다.

고대 로마의 중심지 포로 로마노. 브루투
너마저도!

성당. 베드로를 묶었던 쇠사슬이 보존되어 있다.
도시 속의 나라 바티칸.
사람들로 늘 붐비는 뜨레비 분수에 로마의 휴일은 없다.

금방 구워낸 따끈한 피자는 말 그대로 얇은 이탈리아 빈대떡이다. 한국식 피자와는 종자가 다르다. 주위를 둘러보니 대부분 한 사람에 피자 하나씩이다. 우리가 조금 적은 양을 시킨 것 같다. 스파게티는 성공적인 주문이라고 보기 힘들었다. 면이 긴 롱 파스타가 아닌 쇼트 파스타인데다 안에 들어가 있는 삼겹살 느낌의 고기는 너무 짜고 심하게 구워져 있었다.

19유로라고 생각했는데 계산서에는 25유로가 적혀 있다. 실외는 자릿세가 붙는다는 걸 깜박 잊었다.

Brek이 생각났다. 이탈리아에 있는 셀프 레스토랑인 Brek은 자릿세가 없는데다 체인이기 때문에 큰 도시에서 손쉽게 찾을 수 있다.

5년 전 이탈리아 여행 당시 베로나와 베네치아에서 Brek에 갔었다. 요리사가 방금 만든 스파게티, 샐러드 한 접시, 요플레 큰 것 하나에 생수 한 병까지 7천원 조금 넘는 가격이 나왔다. 맥도날드 빅맥 세트가 6천원인 시절이었다. 더욱이 샐러드는 무게가 아닌 접시 당 요금을 받으니 쌓는 요령만 좋으면 양껏 즐길 수도 있다.

이탈리아를 여행하다 Brek을 보면 무조건 들어가라. 장담하건대 그날은 부담 없이 이탈리아 요리를 즐길 수 있는 행운의 날이 될 것이다. 베로나에는 원형극장(아레나) 앞 광장에 위치해 있고 베네치아에서는 산타루치아 역에서 내려 왼쪽으로 몇 십 미터 정도 가다보면 손쉽게 찾을 수 있다.

지식 셋. 뜨레비? NO! '뿐띠나 디 뜨레비'

여기까지는 좋았다. 뜨레비 분수로 향하면서부터 일정이 뒤틀리기 시작했다. 지도를 보니 좀 멀리 떨어져 있기에 버스를 타기로 했다. 몇 번 버스를 타면 되려나. 이탈리아는 영어가 잘 통하지 않아 길을 묻기가 어렵다. 겨우 영어가 통하는 사람을 만났지만 그가 가르쳐 준 버스 번호는 보이지 않는다. 결국 걸어서 가기로 했다.

더운 로마의 길바닥에서 시간을 소비하고 체력을 소모하니 짜증이 치밀어 오르기 시작한다. 뜨레비 분수로 간다는 버스가 지나갔지만 여전히 정류장은 보이지 않는다. 이래저래 2시간을 허비했다.

로마제국 최대의 영토.

‘뜨레비’라고 몇 번을 말해도 알아듣지 못한다. 사진을 보여주니 그제야 외치는 말, ‘뽄띠나 디 뜨레비!’ 겨우 찾아온 뜨레비 분수에 사람들이 벅적거린다. 건물 사이에 자리 잡아 공간이 부족한 분수 주위는 언제나 여유가 없다. 〈로마의 휴일〉에서 오드리 햅번이 즐기던 로마의 낭만은 그곳에 없다. 분수 앞에 자리를 잡아도 다른 사람을 위해 얼른 자리를 떠나주는 것이 예의이고 암묵적인 룰이다.

뜨레비 분수를 등지고 왼쪽으로 뻗은 길에 소문난 젤라또 가게가 있다. 분수 광장 끝에서 한 10m 정도일까. 맛 좋기로 소문난 가게이니 그냥 지나칠 수는 없다.

GELATERIA라는 이름이다. 세 가지 종류의 아이스크림은 한 스쿱을 추가할 때마다 가격이 올라간다[두 스쿱 1.5유로, 세 스쿱 2.5유로]. 요한이가 맛있다기에 살짝 맛을 보았지만 다른 아이스크림과 별반 차이를 모르겠다.

힘들게 찾아온 뜨레비 분수가 소문만 무성했지 별로 영양가가 없어 가족들의 사기가 저하되었다. 겨우 이것 보려고 지금껏 이 고생을 해서 여기까지 왔나. 로마를 떠나기 전에 분위기를 바꿀만한 무언가가 절실하다.

지식 넷. 바티칸시국, 도시 속에 나라가 있다

바티칸으로 가자.

휴관이라 바티칸 박물관을 보지는 못하겠지만 새로운 활력소가 필요하다.

지하철. 이번에는 지하철 A선이다. 깨끗한 객차가 지저분했던 B선과 상당히 대조적이다. 무슨 의미인지는 알 수 없으나 지하철 악사가 부르는 노래의 울림이 상당히 재미있다. 사람이 적다. 소매치기에 대한 주의를 풀고 흥겨움에 몸을 맡겨본다.

옥타비아노-산 피에트로 역에서 내려 조금 걸어 올라가니 바티칸이다.

바티칸은 인구 천명이 채 안 되는 세계에서 가장 작은 나라다. 국민은 모두 신부와 수녀로 구성되어 있다. 무솔리니와의 협약을 거쳐 1929년 교황령에 의해 독립국가가 되었다.

바티칸 경비병.

스위스 경비병들이 보인다. 여기에 근무하는 경비병은 용병이다. 이들의 자격조건은 스위스에서 독일어를 사용하는 주의 출신으로 키 174cm이상, 나이는 19세부터 30세까지. 물론 준수한 용모는 기본이다. 사령관을 포함하여 장교 5명, 사병 101명으로 구성되어 있다. 흥미로운 것은 이들의 제복 디자이너가 미켈란젤로라는 사실!

바티칸 박물관은 가이드 투어를 통해서 꼼꼼

하게 돌아볼만한 박물관이라고 한다. 어떤 이는 천지창조와 미켈란젤로에 대한 설명을 들은 후 씨스티나 성당과 성 베드로 대성당을 보았을 때 정말로 전율을 느꼈다고 한다. 주일이라는 것이 아쉬울 따름이다.

광장 한가운데에 앉았다. 시원하다. 성 베드로 대성당을 보고 있으니 가슴이 다 후련하다. 지금은 외관만으로 만족해야 하지만 다음에는 반드시 가이드 투어부터 풀코스로 경험하리라.

빗방울이 떨어지기 시작한다. 어느새 옷을 갈아입은 스위스 경비병들의 순발력이 놀랍다. 예정되지 않았던 바티칸, 비록 찬찬히 보지는 못했지만 오늘 일정 중 가장 마음에 든다. 현명한 선택이었다.

 ## 열차, 유럽을 느끼는 또 하나의 방법

테르미니 역에서 짐 찾기에만 10분이 소요됐다. 워낙 많은 짐들이 보관되어 있는 곳이라 짐 찾는 시간도 계산에 넣어야 할 것 같다. 열차 출발 시간까지 50분. 식사를 제대로 하기에는 조금 빠듯하다. 역을 나서니 맥도날드가 보인다. 빅맥 세트가 6유로, 샐러드가 1.9유로다.

열차가 들어온다. 날렵한 모양이 디자인이 발달한 이탈리아답다.

ESI(유로스타 이탈리아), 우리의 여행테마 중 하나인 '유럽 고속열차 경험'의 시작이다.

이탈리아 철도라고 하면 '느리다', '흔들린다', '지저분하다' 등 온갖 악평이 따라다녔다. ESI는 이를 씻어버리기 위해 만들어낸 야심작이다. 한 사람에 15유로라는 다소 비싼 예약비를 지불해야 하지만 유레일패스의 혜택을 생각하면 남는 장사다.

　일등칸에서는 탑승한 손님들에게 음료수와 과자는 물론, 물
수건도 제공한다. 그 외에도 배터리의 충전이
가능해서 여행자들의 필수 품목인 디지털
카메라의 충전에 아주 좋다. 물론 나라마다
기본 전압이 다르기 때문에 플러그 호환이 가
능한 만능충전기를 준비해야 한다. 이어폰을

ESI의 서비스.

따로 준비해 가면 음악도 감상할 수 있다. 의자는 우리나라와 달리 좌석이 앞
으로 나오면서 상대적으로 등받이가 기울어지는 느낌으로 되어 있다.

　ESI는 국내선만 있다. 프랑스의 TGV처럼 국경을 넘는 일은 없다. 그래서
독일 뮌헨으로 가기 위해서는 이탈리아 피렌체에서 유로 나이트 열차로 환승
해야 한다. 물론 로마-뮌헨 노선 중 ESI보다 더 저렴한 방법도 있다. 다만 우
리는 여행테마에 충실하게 비용보다는 열차 종류에 우선순위를 둔 것뿐이다.
이것도 유럽의 다양한 문화를 맛보는 색다른 경험이 될 것이다.

　창밖으로 로마가 멀어져 간다.

　죽 이어지는 구릉들 사이로 간간히 산도 보인다. 큰 변화가 없는 풍경에 깜
빡 잠이 들었다 깼다. 비가 오고 번개까지 치고 있다. 20시가 다 되었는데도
해는 여전히 지평선 위에 있다. 서울보다 높은 로마의 위도와 유럽의 서머타임
제도 때문이다. 21시가 넘어서야 완전히 어두워졌다.

　피렌체 도착. 로마에서 1시간 30분 정도 걸렸다.

　잠시 역 밖으로 나갔다. 밤바람이 시원하다. 이제 이탈리아와의 작별인사만
이 남았다. 가벼운 마음으로 기다리고 있는데 한 여학생이 다가와 대사관 번호
를 묻는다. 친구가 가방을 분실했단다. 이탈리아. 정말 마지막까지 마음을 놓

을 수 없는 나라다.

역 내 매점에서 물 한 병을 샀다. 야간열차에서 넉넉한 생수 준비는 필수다. 열차 안에서 밤을 통과하는 데다 혹시 연착이라도 하면 오전까지도 차에 발이 묶일 수 있다. 이때, 물이 있는 상황과 없는 상황은 기다림의 무게가 다르다. 물과 함께 약간의 비상식량도 준비한다면 더없이 풍족한 야간열차여행이 될 것이다.

열차가 도착했다. 한국에서 미리 예약한 4인용 쿠셋, 흰색 시트 두 개에 담요까지 놓여 있는 침대를 보니 작은 수면방의 느낌이다. 독일에 도착할 때까지 이곳은 이제 우리 가족만을 위한 공간이다.

문에 잠금장치도 있고 쿠셋 칸과 컴파트먼트 칸 사이의 왕래 자체가 불가능해 도난당할 염려도 없다. 차장이 유레일패스와 여권을 걷는다. 잠든 사이 통과하는 국경의 수속절차를 위해서다.

커튼을 살짝 들치니 밖이 캄캄하다. 아무래도 공간이 좁다 보니 답답한 감도 있지만 재미가 더하다. 달리는 열차 안에서 두 다리 죽 뻗고 잔다는 것의 매력.

이탈리아에서의 비용 634,612원		〈단위: 유럽 유로〉
택시	50(63,849원)	저녁	2.58(3,295원)
숙박비	(226,900원)	One day Ticket	16(20,432원)
엽서	2(2,554원)	모자	3(3,831원)
통합입장권	44(56,188원)	점심 식사	25(31,925원)
물	0.4(511원)	아이스크림	4(5,108원)
짐 찾기	22.4(28,605원)	화장실	2.4(3,065원)
저녁	20(25,540원)	물	2.2(2,809원)
쿠셋	128(여행사에서 1유로를 1,250원에 계산)(160,000원)		

유럽의 고속철, 그 첫 번째 경험
이탈리아의 ESI

Euro Star Italia
이탈리아 로마에서 피렌체까지

유로스타 이탈리아. 흔히 유로스타와 많이 혼동을 하지만 유로스타와 유로스타 이탈리아는 서로 다른 열차다. 이탈리아가 붙지 않는 유로스타는 영국 런던과 프랑스 파리, 그리고 벨기에 브뤼셀을 잇는 국제 특급열차다. 이에 비해 이탈리아 현지 발음으로 '에우로스따 이딸리아'인 유로스타 이탈리아는 이탈리아 내에서만 운행하는 고속열차다.

유로스타는 유레일패스와 상관없이 표를 구입해야 하지만 유로스타 이탈리아는 유레일패스나 기타 유효한 패스가 있으면 좌석 예약만 하면 된다. 유로스타 이탈리아를 이용하기 위해서 예약은 필수다.

디자인이 발달한 이탈리아답게 열차의 디자인이 날렵하고 멋지며 일등칸에서는 음료수와 과자, 그리고 물수건이 무료로 제공된다. 배터리 충전이나 음악감상 등 편의시설도 잘 갖추어져 있는 편이다.

이탈리아의 경우, 열차의 연착이 잦은 편이라 이를 염두에 두고 열차를 이용하는 것이 좋다.

GERMANY

독일에서 몸풀기, ICE

　로젠하임을 지나니 여권과 유레일패스를 돌려준다. 뮌헨이 머지않은 모양이다. 열차는 강을 따라 가고 있다. 어슴푸레 날이 밝으니 비가 내리는 풍경이 꽤 낭만적이다.

　7시 뮌헨역. 비는 완전히 개었지만 춥다. 반팔 차림으로 다니기에는 서늘한 날씨다. 이른 아침인데도 역 내의 푸드 코트는 이미 문을 열었다. 조각 피자가 아주 먹음직스럽게 보여 아침 식사 대용으로 4개를 샀다.

　뮌헨 박물관 개장시간까지 여유가 있어 아우구스부르크에 다녀오기로 했다. 사실 우리의 진짜 속셈은 독일의 초고속열차 ICE(이체) 탑승. ICE는 유럽의 초고속열차 중 유일하게 예약을 하지 않고도 탈 수 있는 열차다. 물론 유레일패스가 있는 경우에 한해서지만. 당연히 예약비도 필요 없다.

　'예약석'이라고 표시된 좌석을 지나 자리를 잡았다. 정장 일색의 객차 안이 너무 조용해 선뜻 피자를 꺼내기가 저어된다. 슬며시 눈치를 보는데 개의치 않고 피자를 먹고 있는 사람이 눈에 들어온다. 생각과는 달리 피자가 맛이 없다. 차갑고 퍽퍽하다. 커피를 사려고 요한이와 함께 이미 지나간 승무원을 쫓는다. 한 잔에 2.7유로. "Guten Morgen", 커피를 받아든 요한이의 깜찍한 인사에 딱딱했던 객차 안에 웃음꽃이 핀다.

　ICE가 달리고 있다. 빠르다는 느낌보다는 오히려 느리다는 느낌이 더 강하다. 하지만 ICE는 처음 만들어졌을 때, 시운전에서 벌써 시속 300km를 초과했다. 바퀴식 고속열차의 최고 속도는 세계 철도의 화두다. 1988년 독일 ICE가 406.9km를 돌파한 것을 시작으로 1989년 프랑스 TGV-A가 515.3km,

2003년 일본의 신칸센이 581km로 계속 기록을 경신해갔다. 우리나라도 2009년 호남선에 투입될 KTX Ⅱ가 2004년 시험주행에서 354.4km를 기록했다.

ICE의 날렵한 앞모습. 열차 중 오직 ICE에만 개인모니터가 부착되어 있다.

독일 ICE는 내년에 TGV의 심장부인 파리에 입성한다. 이미 ICE-3의 프랑스구간 시험운행이 마무리됐고 320km로 달릴 수 있는 승인도 받았다. 경쟁상대인 두 고속철 강대국이 상생을 통한 원원전략을 선택한 것이다. 비행기에 밀려 퇴조해가던 철도산업은 초고속열차의 운행으로 다시 유럽 교통 판도의 주역으로 등장했다. 이에 따라 파리-브뤼셀 노선과 파리-마르세유 노선의 항공편이 폐지됐다.

ICE의 가장 큰 특징은 일등칸에 있는 개인 모니터다. 방송이 2개 정도 나오는데 유럽 여행 전체를 통틀어 개인용 모니터가 있는 열차는 ICE 하나뿐이었다.

아우구스부르크에 도착했다. 우리야 단지 ICE도 타볼 겸 시간도 때울 겸 가는 작은 도시지만 이곳은 역사적인 도시다. 독일 정부가 정책적으로 개발한 로맨틱 가도의 도시 중 하나로 로마의 황제 아우구스투스가 건설했다. 루터의 '아우구스부르크의 신앙고백' 으로도 유명하다.

역을 나서니 아침을 깨우며 활기차게 움직이는 도시가 펼쳐진다. 그러나 그 분위기에 젖을 새도 없이 우리 가족은 다시 플랫폼으로 향해야 한다. 어디까지나 목적은 ICE의 체험과 시간 때우기였으므로. 30분을 되짚어 달려 뮌헨 중앙 역으로 들어간다.

본격적인 뮌헨 관광에 앞서 북유럽 열차 예약을 했다. 뮌헨이 유럽의 다른 역보다 비용이 저렴하다는 정보 덕이다. 예약하는 곳으로 가니 한국인 직원이 있는 곳으로 안내하겠다고 한다. 그럴 리야 없겠지만 마치 한국 사람들을 위한 특별한 서비스인 것 같아 신기하다.

'Eurail Aid Office Tickets Reservation' 이라는 곳으로 인도되어 무사히 예약을 끝냈다. 북유럽 일정을 글로 써서 예약했는데 다섯 개의 열차 중 세 개만 예약을 했다. 두 개는 예약 없이 현지에서 바로 탑승이 가능하다[예약 구간: 베르겐-뮈르달, 보스-오슬로, 예테보리-스톡홀름].

예약을 마치고 밖에 나오니 반가운 소식이 기다리고 있다. 요한이가 내 제자들을 만난 것이다. '혹시 배명고등학교 수학선생님 아들 아니냐' 며 요한이를 알아본 제자들. 역시 세상은 그리 넓지 않다. 5년 전 유럽여행 때도 제자들을 만났는데 또 머나먼 유럽 땅에서의 해후다.

코인로커에 짐을 넣었다. 큰 것을 선택했더니 4개의 배낭이 모두 들어간다. 요금은 4유로. 준비는 끝났다. 자, 이제 독일 탐구의 시작이다.

뮌헨 탐구, 독일의 저력을 만지다

뮌헨. 바이에른 주의 주도이며 독일 남부의 문화 · 경제의 중심지다. 이 도시는 독일 우익 정당들의 온상으로 아돌프 히틀러가 나치스당의 지도자가 되었던 곳도 바로 이곳이다. 제2차 세계대전 때는 연합군의 공습을 받아 절반 가까운 건축물이 파괴되는 아픔을 겪기도 했다.

일일 이용권을 샀다. 'Just City Area'로 가족권을 끊었더니 8.5유로다. 확실히 유럽은 어린이에 대한 혜택이 많아서 가족 단위로 여행을 할 때 경제적으로나 심적으로 도움이 많이 된다.

사실 뮌헨의 지하철 중 S-bahn은 우리나라 국철과 같은 개념이므로 유레일패스가 있으면 무료로 이용할 수 있다. 하지만 뮌헨의 정식 지하철인 U-bahn은 유레일패스로 탑승할 수 없다. 전체적인 관광일정을 고려해보니 U-bahn의 탑승도 필요해 표를 구입한 것이다.

지하철을 타면 뮌헨의 어지간한 볼거리가 있는 곳들은 다닐 수 있으나 시 외곽을 갈 때는 버스가 더 편하다. 우리의 일정에는 들어가 있지 않으나 님펜부르크 궁전이나 피나코텍에 갈 때는 트램이 편리하다.

우선 오전에는 독일 박물관에 가기로 했다. 지하철 S-bahn을 타고 아자르토어에서 내려 오스반호프 쪽으로 나가 루드비히 다리를 건너서 조금만 걸으면 된다. 가는 도중에 사람들에게 'Wo ist Deutsches Museum? (독일박물관은 어디에 있습니까?)' 하고 물으니 영어로 대답해준다. 이후 뮌헨에서 여러 번 독일어로 길을 물어보았는데 대부분 대답을 영어로 들었다. 독일 사람들은 감각이 좋은 것 같다.

탐구 하나. 과학교육의 결정체 독일 박물관

독일 박물관은 과학기술만을 중심으로 다루고 있다. 1903년에 세워졌는데 매사에 실용적이고 과학적인 독일인의 성격을 잘 반영하고 있다. 8층 건물에 총 복도 길이만도 13km에 이르는 방대한 규모다.

배 한 척을 전시한다고 치자. 다른 박물관 같으면 완성품 하나 덩그러니 놓

독일 박물관 입구. 언제나 많은 사람들로 붐빈다.

독일 박물관의 내부. 그들은 모든 것을 분석하여 전시한다.

체험을 중시하는 입체적인 독일 박물관에서는 비행기 조종도 경험할 수 있다.

고 '이것이 배다' 하고 끝나겠지만 이곳은 다르다. 배의 동력구조와 내부구조를 알 수 있도록 배의 한 쪽 면을 다 뜯어놓는 것, 이것이 독일 박물관의 정신이다.

루프트한자 비행기 앞부분이 전시되어 있다. 역시 비행기의 조종석을 상세히 볼 수 있게 전시해 놓았다. 작은 모형비행기를 놓고 의자에 달린 핸들로 비행기의 모의조종도 가능하다. 우리 집에서는 대표로 요한이가 조종간을 잡았다. 1909년 라이트 형제가 만든 최초의 엔진 비행기를 비롯해서 다른 비행기들도 많이 보인다. 2차 세계대전 때 유럽을 누볐던 독일전투기도 있다.

정말 이 박물관은 탐난다. 파리의 루브르 박물관이나 영국의 대영 박물관이 평면적인 구성이라면 여기는 직접 체험을 중시하는 입체적인 구성이다. 화학실험 광경도 보고 깨어지는 유리의 결정체도 볼 수 있다.

독일인들은 참 세심하다. 보이기 위해서가 아니라 경험해보기 위해서 이렇게 합리적이고 경이로운 박물관을 건설하였다.

독일은 전쟁 후 폐허에서 경제대국으로 일어섰으며 과학기술의 연구개발 (R&D)능력은 세계 최고 수준으로 평가받고 있다.

동전의 효용도가 가장 높은 독일 사회. '미국 기업은 10분 안에 돈을 벌 수 있는 사업에 몰두하고 있다면, 독일 기업은 10년 이상 수익을 낼 수 있는 사업을 생각한다' 라고 말한 어느 경제학자의 평가는 독일인들의 단면을 나타내고 있다. 멀리 내다보는 만큼 신중함을 지니는 삶의 의연함은 독일인의 저력이다.

노벨상 수상자 수를 기초과학 연구능력을 나타내는 지표로 해석한다면, 독일은 이 분야에 있어서 오랜 기간 동안 세계 최고의 수준을 유지해왔다. 이러한 기초과학의 강점을 경제적 성과로 연결시키는 것이 독일이다. 체계적인 실무와 이론을 겸비한 독일의 교육은 가히 세계 최고의 수준으로 평가받는다.

독일은 배워야 할 점이 많은 나라다.

탐구 둘. 조화로움이 가득한 뮌헨 전경

점심을 먹어야 했다. 박물관을 나와 역쪽으로 방향을 잡으면 바로 오른편에 중국음식점과 일본음식점이 있다. 둘 다 느낌이 괜찮다. 선택은 일본 스시 집.

미소(일본식 된장) 국물을 포함한 김초밥 세트가 7유로, 우동이 6유로다. 두 개씩을 시켰다. 여기서 뜨거운 일본 우동 맛을 보는 것도 좋을 것 같

비행기의 내부엔진 구조를 볼 수 있도록 전시했다.

았다. 더구나 오늘처럼 비가 오고 흐린 날에는. 미소 국물이 나왔다. 맛을 보니 속이 확 풀린다.

우동은 기대를 배반했다. 뜨거운 우동국물 대신 현지인들의 입맛에 맞춘 듯 미지근했다. 맛 자체도 서구화되어 우리 취향에는 맞지 않았지만 젊은 일본인 부부가 열심히 일을 하는 모습은 참 보기 좋았다.

지하철로 한 정거장, 마리엔 광장에 도착했다. 신시가지와 구시가지 사이의 광장으로 관광객들을 위해 차량이 전면적으로 통제되는 곳이다. 신시청사가 눈에 들어온다. 19세기 말에 네오고딕 양식으로 지어진 100년도 훨씬 넘은 건물이다. 화려하다. 그냥 직육면체 형식으로 지어놓은 우리나라 건물과는 달리 화려함이 넘쳐흐른다. 더욱이 건물 시계탑에서는 인형극이 벌어진다. 5월부터 10월 사이에는 매일 두 차례씩 열리는 이 공연을 보기 위해 이곳을 찾는 사람들도 많다.

막 비가 그쳤다. 해는 보이는데 땅은 여전히 빗물로 흥건하다.

시청사 안 엘리베이터를 타고 전망대로 올라갔다. 전망대는 어른 2명, 어린이 2명에 6유로. 공간이 그리 넓지 않다. 창살 옆으로 작은 길이 둘러 있는데 한 사람이 넉넉하게 감상할 수는 있겠으나 두 사람은 무리다. 프라우엔 교회의 비스듬한 뒷모습부터 뮌헨 풍경이 한눈에 보인다. 벽에 낙서들이 많다. 아무래도 한국어가 도드라져 보인다. 'OO 왔다 가다. 06. 7. 16, -일본인이 씀-', 속 보이는 낙서에 같은 한국인으로 괜히 민망해진다.

프라우엔 교회에 가는 길에 쌍둥이칼 가게를 보았다.

주방에서 요리하는 사람들은 칼이 좋아야 한다. 칼이 직접 요리를 하는 것은 아니지만 질 좋은 칼이 질 좋은 요리의 가능성을 높인다. 헨켈사의 쌍둥이 칼은 칼 관련 제품으로는 유일하게 세계 100대 명품으로 인정받고 있다. 우리나라 사람들은 Five Star 모델을 선호하는데 인체공학적 손잡이로 특별 제작하여 잡기 편하고 오래 써도 피로해지지 않는다. 다만 엄청난 가격이 이 모델의 치명적인 단점이다.

사실 나도 이런 칼을 갖고 싶다. 하지만 요리를 배우느라 산 칼이 벌써 세 개나 된다. 더구나 여행 초기이기 때문에 '짐'이라는 부담이 생긴다. 칼 좋구나, 입맛만 다시며 그냥 지나칠 수밖에.

탐구 셋. 실사구시의 나라에서 만나는 자유로움은 매력적이다

프라우엔 교회로 들어갔다. 내부가 웅장하다. 창문은 스테인드글라스로 되어 있어 예술적인 감각이 느껴진다. 지하 자료관에도 내려가 볼만하다. 경건히 기도를 하는 이의 모습을 뒤로 하고 교회를 나왔다.

슈바빙을 찾아간다. 지하철에서 내려 대충 방향을 잡아 걷다가 사람들에게 물어보니 1km 정도 되짚어 가라고 한다. 친절하게도 가는 길에 영국정원을 들르라고 일러준다. 그 사람들 말대

독일 박물관의 다양한 전시물들.

19세기에 지어진 뮌헨 신시청사.

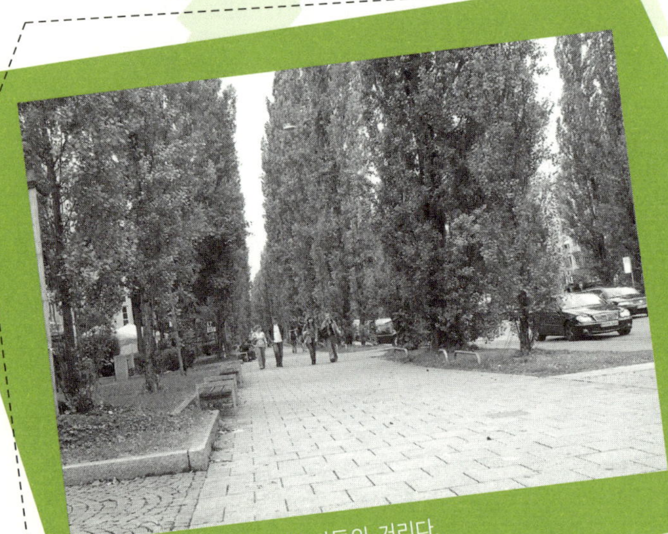

슈바빙 거리. 학생들과 예술가들의 거리다.

영국정원. 도시 속에서 맛보는 자연이 달콤하다.

뮌헨 시청사 전망대에서 바라본 뮌헨 시가지 모습.

마리엔 광장. 밤이 되면 길거리에 수
준 높은 악사들이 음악을 연주한다.

프라우엔 교회. 어찌 저리도 멋있게 지어놓았을까.

로 길을 걸으니 큰 공원이 나온다. 복작거리는 도시의 모습만 보다가 숲이 보이니 좀 살 것 같다.

영국정원. 18세기에 만들어졌다. 말 그대로 영국의 정원 양식을 그대로 옮겨다 놓은 공원이다. 취리히로 가는 열차시간을 맞추어야 하기 때문에 정원을 자세하게 볼 수는 없다.

벤치에 앉아 숨을 고른다. 정원의 안쪽 호수 가에 가면 날씨가 좋은 날은 여러 사람들이 옷을 벗고 누워서 햇볕을 즐기고 있다는데 거기까지 가볼 여유는 없다. 독일 사람들은 다른 사람의 이목에 별로 신경을 쓰지 않기 때문에 자연스러운 일이다. 그런 사람들을 너무나 노골적으로 쳐다보면 자칫 험악한 일을 당할 수도 있으니 안보는 듯 보며 지나가주는 것이 예의다. 아이들에게 그런 모습을 한 번 보여주는 것도 하나의 문화충격이요 경험이 될 것도 같은데. 시간을 조정할 능력이 없으니 어쩔 수 없다.

영국정원의 바깥쪽 길을 따라간다. 조용한 길이다. 비록 길지는 않지만 길 위에 우리 가족만 보이니 상당히 운치가 있다. 그 길이 끝날 무렵 말을 탄 경찰이 진짜 정원 입구인 듯 보이는 곳으로 들어가고 있다. 우리가 본 곳은 본격적인 정원이 아닌 그 언저리였나보다. 역시 우리는 번갯불에 콩을 구워 먹듯 그냥 도시의 맛만 보고 있었다.

슈바빙은 날이 어두워야 참맛을 알 수 있다더니 가게들이 이제야 문을 열고 있다. 이곳은 토마스 만, 릴케, 칸딘스키 등이 자주 찾던 거리로 유명하다.

학생과 예술가의 거리, 슈바빙 하면 나는 전혜린 씨가 떠오른다. 뮌헨대에서 문학을 공부하며 슈바빙 거리만의 매력을 사랑했던 여인. 그녀가 남긴 책들은 그녀의 일기다. '예전에는 완벽한 순간을 많이 맛보았다. 그것 때문에 지금의 삶을 버텨나갈 수 있는', 아직도 기억에 남아있는 구절이다. 만만치 않은 세상

속에서 '완벽한 순간'에 대한 열망은 조금 덜해졌지만.

저녁을 여기서 먹기도 이른 시간이라 그냥 떠나기로 했다. 슈바빙을 마지막으로 독일에서의 공식적인 일정은 다 끝이 났다. 아침에 도착하여 저녁에 떠나는 나라 독일. 우리의 일정 중 핀란드와 아울러 제일 짧게 스치고 지나가는 나라가 되었다.

탐구 넷. Never Again, 언제나 일본의 태도는 씁쓸하다

독일을 떠나면서 한 가지 아쉬운 것은 다카우 수용소를 들르지 못한 것이다. 오늘은 월요일이라 다카우 수용소가 개방을 하지 않는다. 로마의 바티칸 박물관과 마찬가지로 휴일을 계산에 넣지 못한 실수 탓이다.

다카우 수용소는 1933년 3월 히틀러에 의해 만들어진, 뮌헨 교외에 위치한 나치 최초의 수용소다. 이곳에서는 비문이나 기록에도 남지 못한 사람들을 포함하여 모두 20만 명 이상의 사람들이 인종청소라는 명목으로 죽어나갔다. 독일 사람들은 이 사실을 감추거나 왜곡하지 않는다. 자신들이 저지른 만행을 다 보여주고, 다 들려주고, 영원히 기억하게 한다.

수용소의 비문에는 5개 국어로 'Never Again'이란 구절이 적혀 있다. 이런 만행을 저지른 독일 사람들도 놀랍지만 감추지 않고 다시는 이런 비극을 만들지 말자고 계속 약속해가는 독일 사람들도 놀랍다.

이들과 대비되는 일본 사람들의 태도는 늘 우리의 마음을 답답하게 한다.

야스쿠니 신사에 붙어있는 류슈칸은 일본의 전쟁기념관이다. 하지만 상당히 크기가 작다. 2차 대전 때 맹위를 떨쳤던 제로형 전투기와 1인용 잠수정이 전시되어 있는데 1인용 잠수정은 앞부분이 폭약으로 가득 차 있어 적의 함정을 침몰시키고 자신도 산화하는 가미가제식 잠수정이다. 그들은 충돌의 순간 '천

황폐하 반자이' 하고 외치며 자신들의 삶을 마쳤겠지.

2층에 올라서면 우리나라의 윤봉길 의사가 한 사람의 테러리스트로 소개되어 있다. 관점의 차이는 어느 정도 인정할 수 있으나 일본의 경우는 좀 심하다. 그들은 자신들의 과거에 대한 반성이 부족하다. 자신들의 과거 행동에 대한 정당화에 급급하다. 그들 나름대로는 평화를 사랑하는 민족이나 어쩔 수 없이 전쟁에 참여해야 했다며 자기들을 합리화시키고 후손들을 교육시킨다.

우리가 기념관에 들렀을 때는 1층에 있는 비디오시설에서 자기들이 캄보디아에 평화 수호단으로 가서 봉사하고 있는 모습을 틀어주고 있었다. 좋은 모습이지만 씁쓸한 기분이 드는 건 어쩔 수 없었다.

차창을 스치는 풍경 속으로 생각이 흐른다

뮌헨 역. 역 앞 가게에서 파란 트레이닝 윗옷을 10유로에 샀다. 요섭이에게도 긴팔 겉옷이 생겼다. 이것으로 긴팔 옷을 기본적으로 하나씩 가지게 되었다. 이제 조금 마음이 놓인다. 알프스와 북유럽을 겨냥한 방한대책의 기본은 일단 완료다.

이제 다섯 시간 정도 열차 여행을 앞두고 있다. 저녁을 든든히 먹어둬야 한다. 무엇을 시켜야 하나. 특선 메뉴 같은 것이 독일어로 길게 쓰여 있다. 샐러드가 들어가는 것 같다. 샐러드가 들어간다면 최소한 실패작은 아니다. 내용이 길다는 것은 종류가 많다는 것이기 때문에 그 중 몇 개는 분명 먹을 만한 것이 나오게 되어 있다. 모 아니면 도다. 3개 모두 같은 것을 시켰다. 오늘 저녁은 과감하게 '포트폴리오의 원칙'을 깼다.

음식이 나왔다. 돈까스처럼 생겼는데 먹어보니 감자 으깬 것이다. 흰 소스가 뿌려진 생선살도 있고 샐러드도 곁들여진 현지식이다. 접시 하나에 모두 담겨 있는데 그런대로 먹을 만하다. 콜라 0.5리터도 같이 시켜 맛있게 먹었다.

주문한 음식은 1인분에 5.5유로로 콜라까지 20.2유로가 나왔다. 팁을 계산해서 22유로를 주었다. 식당을 나서면서 각 나라에 가면 그 나라의 현지 음식을 꼭 먹어봐야 한다는 주장을 폈던 요한이가 독일에서 소시지를 먹지 못한 것을 못내 아쉬워한다.

열차에 올랐다. 유로시티다. 스위스 취리히가 종점이다. 독일 열차는 DB라고 써있는데 SBB인 것으로 보아 스위스 철도청 소속이다. 일등칸은 두 칸이 연결되어 있다. 객차 안에 들어서니 컴파트먼트도 있고 코치도 있다. 컴파트먼트는 하나의 객실 안에 세 명씩 서로 마주보는 구조다. 사람이 4명 이하인 경우에는 마주보는 좌석을 앞으로 당겨 그 끝을 맞추면 넓은 침대로 바뀐다. 야간열차인 경우 덮을 옷가지만 있으면 쿠셋보다 더 편하게 지낼 수도 있겠다.

평야지대가 계속되고 있다. 멀리 구릉만 보일 뿐 열차의 주변은 계속 평탄한 지역의 연속이다. 누런 밀밭이 계속되다가 옥수수 밭이 전개되고 다시 초지가 나온다.

식구들이 모두 잠들었다. 나만 홀로 앉아서 창밖을 내

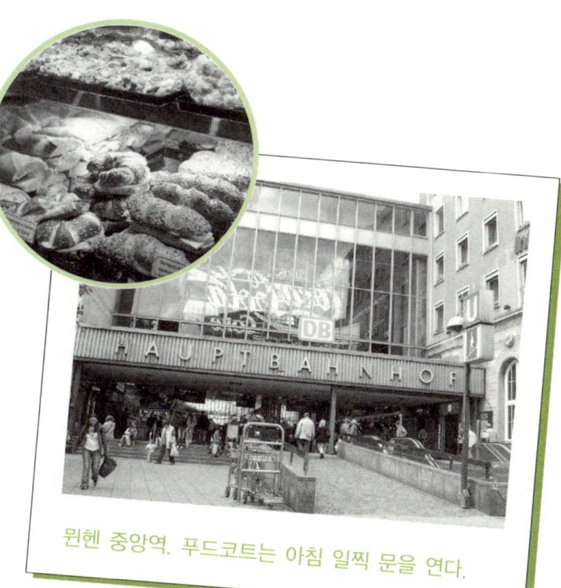

뮌헨 중앙역. 푸드코트는 아침 일찍 문을 연다.

다보고 있다. 스쳐 지나가는 풍경들 속으로 생각이 두서없이 흐른다. 나는 지금 무엇을 하고 있는가. 아니 우리 가족은 지금 무엇을 하고 있는가. 아는 사람 하나 없는 머나먼 유럽 땅에 와서 겁도 없이 천방지축으로 다니고 있다. 과연 많은 비용을 들여 여기까지 올 필요가 있었나. 아이들에게 좋은 경험을 쌓게 하고 세상을 보는 눈을 넓게 하기 위해서 이렇게 다닌다고는 하지만 진짜 우리가 그러고 있는가.

건너편에 있는 남자와 몇 번 눈이 마주쳤다. 한 번 웃어주어도 되련만 피곤도 하고 가족을 데리고 다니는 입장에서 마음의 여유가 없다.

베르겐즈를 지나며 국경을 넘어섰는지 경찰 2명이 여권을 검사한다.

차 안이 서늘하다. 취리히 도착시간이 대략 밤 11시다. 중앙역에서 유스호스텔에 가는 7번 트램의 운행이 끝났으면 어떻게 하나, 불쑥 걱정이 솟구친다. 그 상황이면 결국은 택시를 타는 방법밖에 없는데 스위스의 택시 요금은 결코 만만치가 않다. 조금만 가도 벌써 만원이 훌쩍 넘는다.

건너편 앞좌석의 아저씨에게 우리가 가지고 있는 여행책자의 유스호스텔 사진을 보여주면서 7번 트램이 몇 시까지 운행하는지를 물어보았다. 자기도 7번 트램을 탈 것이니 자기를 따라오라고 한다. 하늘이 돕는다.

독일에서의 비용 333,221원			〈단위: 유럽 유로〉
아침 식사	10.4(13,281원)	커피	2.7(3,448원)
열차예약비	141.6(180,823원)	코인로커	4(5,108원)
교통카드	8.5(10,855원)	독일 박물관 입장료	17(21,709원)
점심 식사	30(38,310원)	간식	3.54(4,521원)
마리엔 시청사 입장료	6(7,662원)	엽서	3(3,831원)
옷(요섭 긴 팔 옷)	10(12,770원)	저녁 식사	22(28,094원)
물	2.2(2,809원)		

유럽의 고속철, 그 두 번째 경험
독일의 ICE

Inter City Express
독일 뮌헨-아우구스부르크 왕복

합리주의의 나라 독일. 고속철도 역시 독일의 그런 실용성에 바탕을 두고 있다. 이는 ICE의 발전과정을 보면 더욱 확실히 알 수 있다.

ICE 차량의 첫 세대인 ICE-1은 동력 집중식 차량으로 차량편성 양쪽에 동력차를 붙이고 중간에는 객차 10~12량을 연결하는 형식이었다. 그러나 다음 세대인 ICE-2에서는 차량을 더 짧고 가볍게 하기 위해 동력차 1대를 차량편성 한쪽 끝에 붙이고 반대편에는 운전실이 붙은 객차를 붙여 어느 쪽으로든지 운전이 가능하게 발전시켰다. 이는 열차 운영의 융통성과 함께 에너지 절약에도 큰 몫을 한다.

제3세대 차량인 ICE-3는 운행 가능 최고 속도를 330㎞/h로 높이고 급경사구간에서도 운행이 가능하도록 제작되었다. 이를 위해 동력 집중식에서 동력 분산식 차량으로 전환하였다.

ICE-3와 똑같은 외형구조를 가지면서 차량에 틸팅 시스템을 도입하여 곡선이 많은 기존 재래선 구간에서의 속도향상을 꾀한 것이 ICE-T이다.

Europe

Trip
04

SWISS

친절한 Mr. 스위스

취리히 중앙역. 열차 안에서 흔쾌히 도움을 약속했던 아저씨를 따라 역 밖으로 나왔다. 차표 판매기 앞. 스위스는 유로화가 통용되지 않는다. 1스위스 프랑(CHF)은 한화 780원 정도. 차표 값을 어림해서 10프랑짜리 지폐를 건넸다. 조금 부족했을까? '표 2장은 당신 가족을 위한 선물'이라며 자기 지갑에서 동전을 꺼내 표를 끊어준다.

7번 트램에 함께 오른 아저씨는 우리가 내릴 정거장과 유스호스텔까지 가는 길을 알려주며 끝까지 친절함을 잊지 않는다. 우리보다 먼저 그 아저씨가 내리자 또 다른 도움의 손길이 뒤를 잇는다. 뒷좌석에 계신 분이 우리의 대화를 들었는지 자신과 같은 정거장이라며 같이 내리자고 한다.

친절한 이들과의 만남, 스위스의 첫인상은 참 좋다.

모르겐탈에 도착했다. 함께 내린 분이 유스호스텔까지 버스와 도보, 두 가지 방법이 있다고 알려준다. Happy to walk! 아저씨의 멋진 표현에 걷기를 선택했다.

여행 중 묵는 첫 번째 유스호스텔인 취리히 유스호스텔.

300명 정도 수용 가능한 대형 유스호스텔이다. 가

취리히 중앙역에서 유스호스텔까지 Happy to walk!
친절한 이들과의 만남은 스위스의 첫인상을 좋게 한다.

족실에 들어서니 침대 4개에 샤워 겸용의 화장실이 있다. 짐을 정리하는데 시트가 준비되어 있지 않아 문의를 하니 준비되어 있다는 대답이다. 시트를 보여주는데 흰색이 아니다. 과연 시트가 있었다.

자정이 넘었다. 유럽 도착 나흘째를 넘어섰다. 전체적인 일정 중 초반 4일간의 일정이 제일 빡빡했는데 그런대로 잘 소화시켰다. 아픈 사람 하나 없이 잘 버텨준 가족들이 대견하다.

 # 유럽에서 초콜릿이 제일 맛있는 나라

6시 30분. 이미 시차적응은 끝난 것 같다. 이번 여행은 현지 15일이니 오늘까지가 전반기다.

아침을 먹으러 내려가니 부지런한 사람들은 벌써 먹고 있다. 음료는 오렌지 주스, 따뜻한 우유, 차가운 우유, 커피가 준비되어 있다. 우유에 타먹는 씨리얼도 3종류나 된다. 식빵 비슷하게 생긴 빵은 바깥쪽이 딱딱하다. 빵에 끼워먹는 슬라이스가 3종류 정도 되고 잼도 있다. 조각 케익은 보는 것과 달리 먹기에는 맛이 좀 험악하다.

음식은 몇 번에 걸쳐 먹고 싶은 만큼 먹을 수 있다. 국물이 없어 입에 맞지는 않지만 또 하루의 여행을 생각하면 먹어야 한다. 식구들도 부지런히 먹는다. 입맛이 없다고 아침을 거르면 하루의 일정이 힘들다는 것을 다 알고 있다.

모르겐탈 정류장까지 어젯밤과 마찬가지로 Happy to walk!

트램이 오기 전에 Coop이라는 마켓에 들어갔다. 여행 선물 중 가장 만만한 게 초콜릿이라지만 스위스 초콜릿은 꼭 사야 한다. 맛에 있어 타의 추종을 불

스위스의 초콜릿은 정말 맛이 기막히다. 특히
가운데 파란 초콜릿이 Good!

허하기 때문에 인기가 많다. 특히, Coop에서 판매하는 것은 맛뿐만 아니라 가격까지 저렴하다.

9프랑인 Cailler Nuss 5개들이 세트를 할인해서 7.5프랑에 샀다. 파란색의 포장으로 아몬드가 들어있어 다른 초콜릿보다 맛이 좋다. 하나씩 선물로 안겨주면 반응이 그리 나쁘지는 않을 것 같다. 한 개에 무게가 300g이나 나가는 초콜릿도 있는데 이런 초콜릿은 정말 선물용으로 최고다. 가격도 그리 비싸지 않아 3프랑이 되지 않는다. 다만 이 초콜릿을 열 개 이상 산다면 3kg 이상의 무게를 여행 내내 감당해야 한다는 단점이 있다. 유럽 구경 다 하고 스위스에서 귀국할 것이라면 모를까 그렇지 않으면 깨끗이 마음을 접어야 한다.

열차가 들어왔다. 베른을 거쳐 인터라켄 오스트 역까지 직통으로 가는 인터시티 열차로 2층 열차다. 요한이가 2층 열차 한 번 타보는 것이 소원이라고 했는데 잘 되었다. 당연히 2층으로 올라왔다. 객차 하나에 채 열 사람도 앉아있지 않다. 좌석은 4명이 마주보게 되어 있지만 요섭이와 아내는 한 사람씩 넉넉하게 자리를 잡는다. 나는 요한이와 마주보고 앉아 스위스 여행 책을 보며 스위스 관광의 도상연습을 한다.

Coop에서 산 파란색의 초콜릿을 입안으로 밀어넣었다. 맛이 기가 막히다. 초콜릿을 많이 먹는 편은 아니지만 우리나라에서는 이런 초콜릿을 먹어본 적이 없다. 요한이도 맛에 감탄을 한다.

　인터라켄 웨스트 역에서 내렸다. 사실 알프스
로 올라가는 산악열차를 타려면 인터라켄 오스
트 역에서 내려야 한다. 그러나 인터라켄의 번화
가가 웨스트 역 쪽에 집중되어 있는 데다 웨스트
역에 가까운 쉴트호른 사무실에 들러야 한
다. 내일 쉴트호른에 오르는데 한국에
서 가져온 할인티켓을 관광티켓으로
교환하기 위해서다.

　역 자체만 보자면 인터라켄 웨스
트 역은 매우 작다. 사람들이 찾지 않
는 시골 마을의 작은 역 수준이다. 하
지만 실제로는 많은 사람들이 이용하는 인
기 있는 역이다.

　주위의 기념품 상점을 둘러보니 마음을 독하게
먹어야 할 것 같다. 조금만 긴장을 풀고 있어도 아
차 하는 사이에 유혹을 이기지 못하고 주머니가
열릴 것 같다. 쉴트호른 사무실을 겨우 찾아갔으나
12시부터 13시 30분까지 점심 시간이라 문을 닫았다.

　우리도 점심을 먹기로 했다. 스위스 전통식까
지는 아니어도 뭔가 유럽의 냄새가 나는 현지
식을 먹기로 한다. 그런 의미로 찾은 메뉴가 케
밥이다. 감자튀김과 샐러드를 곁들인 도네르

유럽의 기차들은 참 다양하다. 특히, 알프스
관광 다니는 길의 기차들은 모두 앙증맞다.

**융프라우는 필수?
꼭 그렇지만은 않다**

'Top of Europe'이라 불리는 융프라우. 우리나라 사람들은 스위스 하면 융프라우를 필수로 꼽는다. 그러나 융프라우는 유럽에서 제일 높은 산이 아니다. 유럽에서 제일 높은 산은 카프카스 산맥에 위치한 해발 5,642m의 엘브루즈다.

우리나라 사람들이 융프라우에 열광하는 이유는 일본의 영향 때문이다. 이 지역을 개발할 때 자본이 많이 들어간 일본이 유명관광지로 대대적인 선전을 했고 그 여파가 우리나라에 미치게 된 것이다. 물론, 융프라우가 멋진 관광지임에는 틀림없지만 다른 나라 사람들은 꼭 융프라우만을 고집하지 않는다. 우리 가족처럼 쉴트호른이나 피르스트에 오르는 것도 하나의 대안일 수 있다.

융프라우 관광 코스는 '인터라켄 동역-라우터브루넨-클라이네 샤이데그-융프라우'로 올라가 '융프라우-클라이네 샤이데그-그린델발트-인터라켄 동역'으로 내려오는 것이 일반적이다. 그러나 융프라우를 오르지 않는다면 쯔바이뤼치넨을 거쳐 그린델발트로 가서 융프라우가 아닌 피르스트를 맛 볼 수 있다.

케밥을 시켰다. 여기에서는 스위스 프랑과 유로화 두 가지로 계산이 가능하다. 스위스 프랑은 12.5이고 유로는 9인데 환율을 따져보니 스위스 프랑을 사용하는 것이 유리하다. 치킨 너겟과 콜라 하나를 추가한 요리 3인분에 47.8프랑을 현금으로 계산했다.

쉴트호른 사무실에 티켓을 구입했다. 할인을 받았는데도 거금 348프랑. 인터라켄 오스트 역에서 출발하여 쉴트호른까지 올라갔다가 내려오는 모든 교통편을 이용할 수 있다. 이 표는 하루에 다 사용하지 않아도 된다. 유효기한이 정해져 있기 때문에 구경하다가 이곳이 마음에 든다 싶으면 하루 쉬고 다음날 계속 여행을 해도 된다.

오스트 역까지 걸어가도 되지만 웨스트 역에서 다시 열차를 탔다. 배낭도 배낭이지만 이 청명한 날씨에 땀을 흘리고 싶지 않아서였다.

오스트 역. 여기서부터 알프스를 올라가는 등산열차가 출발한다. 등산열차는 고도에 따라 그 지형에 맞는 차량으로 바뀌기 때문에 중간 중간 갈아타야 한다.

우리가 오르는 이 지역을 베르너 오버란트라고 부른다. 베르너 오버란트란 베른 주의 고지대란 뜻으로 융프라우 지구를 포함한 총 7개 지구로 묶여 있다. 스위스에서 가장 많은 여행자들이 찾는다는 융프라우와 아이거, 묀히 등 알프스의 대표적인 봉우리가 몰려 있는 지역이다.

만년설이 덮인 설경 아래 펼쳐진 푸른 목초지와 통나무집, 그야말로 그림의 한 장면이다. 자연경관의 아름다움뿐만 아니라 등산이나 하이킹 등 각종 스포츠를 즐길 수 있어 관광객들이 연중 끊이지 않는다.

피르스트 하이킹, 젊은 그대

드디어 알프스 여행이 시작된다. 인터라켄 동역에서 쯔바이뤼취넨까지는 쉴트호른 티켓을 가지고 올라갈 수 있다. BOB(Berner Oberland Bahn) 열차를 이용한다. 이 열차를 타는 사람들은 조심해야 하는데 쯔바이뤼치넨에서 이 열차는 양 방향으로 나뉘어 운행을 한다. 라우터브루넨이나 그린델발트까지 가는 사람들은 열차에 붙어있는 행선지를 잘 살펴야 한다. 알프스의 초지가 계속된다. 빌더스빌을 거쳐 쯔바이뤼치넨까지 10분이면 도착이다.

쯔바이뤼치넨에서 내렸다. 여기에서 그린델발트까지는 따로 구간요금을 내야 한다. 역까지 가서 표를 끊기에는 시간이 아깝다. 철로에 내려와 있는 차장에게 열차에서 표를 끊을 수 있냐고 물어보니 우선 열차에 타라고 한다. 얼른 그린델발트행 객차에 올라탔다.

차장이 와서 표를 판매할 줄 알았는데 기다려도 차장은 나타나지 않는다. 그린델발트까지 20분 정도 걸리니 이제 곧 내리는데 감감무소식이다. 그린델발트에 도착했다. 어찌해야 하나. 역에 들어가서 전후 사정을 이야기하고 돈을 내야 하나. 차장이 그냥 우리를 태워준 것인지 아니면 우리가 당연히 그린델발트에 내려서 역에 들어가 요금을 지불할 것으로 생각을 한 것인지 알 수가 없다. 눈을 질끈 감았다.

그린델발트 역에 있는 코인로커에 짐을 맡겼다. 로커의 크기가 작아 두 개를 사용해야 했다. 날씨가 너무 좋아 요섭이와 나는 긴 팔 옷을 꺼낼 생각을 미처 하지 못하고 로커를 닫았다.

피르스트로 가려면 곤돌라를 타야 하는데 그 사무실이 그린델발트 시가지의 끝자락에 있어 본의 아니게 시내관광이 되었다. 역시 주위의 상점들마다 여러 가지의 기념품들이 우리를 유혹한다. 마음을 독하게 먹어야 한다. 자칫 어설프게 먹었다가는 지갑이 열댓 번은 열리고도 남았으리라.

젊음 하나. 발밑으로 펼쳐지는 풀밭

피르스트 사무실에 도착했다. 정상에서 적당한 거리까지는 하이킹을 할 생각이다. 그린델발트역에서 빌린 로커 운영시간에 맞춰야 하기 때문이다. 왕복권을 끊었다. 하이킹을 하고 내려오다가 어느 중간 역에서 다시 곤돌라에 탈지 모르기 때문에 어쭙잖게 편도를 끊는 것보다 왕복 요금이 싸다. 왕복 요금은 50프랑이다. 우리는 유레일패스로 25% 할인받아 1인 왕복 요금 38프랑만 내면 된다. 어린이 요금은 'Family Card'가 있을 때만 가능하다고 한다. 'Family Card'는 어디에서 만드는 것일까? 체념하고 계산을 하는데 어라, 4인 요금이 126프랑이다.

유럽 사람들도 융통성은 있었다. 표를 끊을 때 요한이와 함께 갔었는데 작은 동양 아이가 똘망똘망한 눈으로 자기를 쳐다보고 있으니 마음이 약해졌나보다. 'Family Card'가 없음에도 어린이 요금으로 계산해주었다. 역시 사람 맘은 거기서 거기다.

곤돌라에 올라탔다. 사람들이 그리 많지 않아서 두 명씩 나누어 탔다. 알프스를 올라간다. 발밑으로 내려다보는 알프스는 멋있다. 자전거를 실은 곤돌라도 올라오고 있다. 저 자전거들은 피르스트 정상에서부터 알프스를 질주하겠구나. 부러워진다. 시간이 있으면 우리도 인터라켄에서부터 자전거를 타고 그린델발트까지 올라와서 피르스트 자전거 하이킹을 할 수도 있었을 텐데. 우리의 여행일정으로는 꿈도 꿀 수 없는 사치다.

곤돌라 밑으로 사람들의 발길을 모르는 풀밭이 펼쳐진다.

젊음 둘. 청춘 가족, 추위가 무섭지 않다

피르스트. 해발 2,171m다. 알프스의 다른 산지보다는 상당히 낮은 편이지만 우리나라 남한에서 최고로 높다는 한라산 정상보다도 더 높다. 그린델발트에서 가장 인기 있는 전망대로 특히 7월이면 목초지에 노란 꽃이 아름답게 피는 곳이다.

정상은 추웠다. 모두들 중무장한 가운데 우리 가족만 시절 모르고 여름 차림이다. 빨갛고 파란 등산용 점퍼의 무리 속에서 우리만 완전히 알프스 바람에 노출되었다. 아내와 요한이는 그래도 얇은 점퍼로 간신히 바람막이를 하고 있지만 나와 요섭이는 반팔이다. 게다가 요섭이는 반바지까지. 모습만 보자면 완전히 청춘이다.

산양들이 놀고 있다. 목에 방울을 달아 움직일 때마다 소리가 울린다. 산악지대이다 보니 어둠 속 위치추적용이려나. 산양들은 뿔이 참 탐스럽다. 밑에서 산 과자를 주었더니 자기들끼리 서로 먹으려고 난리다. 머리로 받고 신경전을 벌이니 힘이 약한 놈은 저쪽으로 처져서 눈치만 보고 있다. '지단 염소들'의 승리! 2006년 월드컵에서 이탈리아 선수 마테라치를 머리로 받은 프랑스의 지단과 맞먹는다.

피르스트로 올라가는 곤돌라.

우리나라도 이런 자연 모습이 곳곳에 있으면 얼마나 좋을까

피르스트에서 그린델발트로 내려가는 하이킹길.

피르스트에서 하이킹을 하며 산을 내려가는 가족들. 감동적이다.

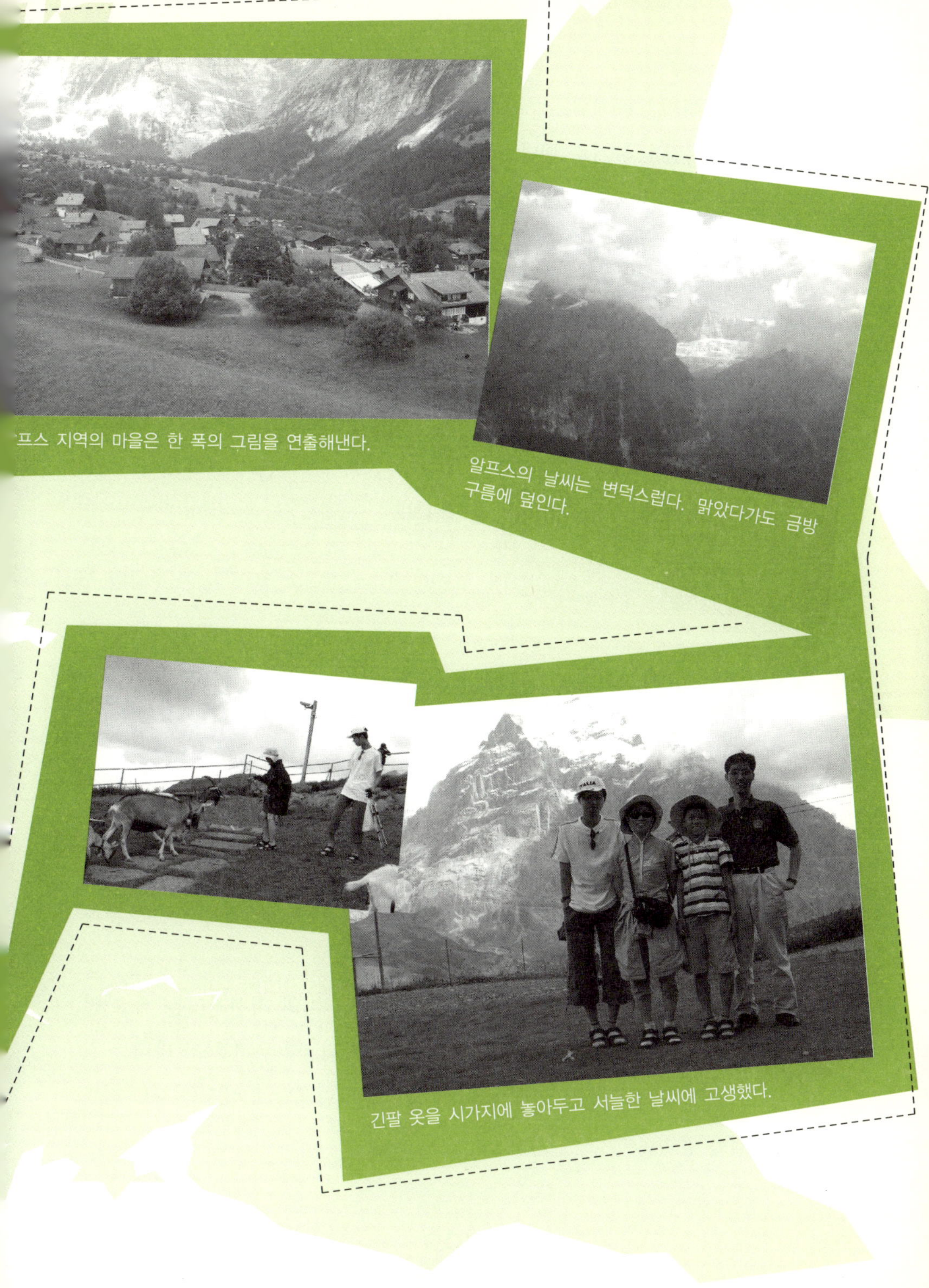

알프스 지역의 마을은 한 폭의 그림을 연출해낸다.

알프스의 날씨는 변덕스럽다. 맑았다가도 금방 구름에 덮인다.

긴팔 옷을 시가지에 놓아두고 서늘한 날씨에 고생했다.

한 코스 하이킹을 하기로 했다. 몇 사람이 자전거를 타고 우리를 스쳐 지나간다. 춥기는 하다만 견딜 만하다. 사진을 찍으며 조금 뒤처져 내려가는데 내 앞으로 걸어가는 가족 세 사람의 모습이 눈에 들어온다. 너무나 감격스럽다. 말로만 듣고 사진으로만 보던 스위스 알프스의 산을 몸소 느끼며 다정하게 걸어 내려가는 모습이 가슴에 찡하게 와 닿는다. 이런 행복을 가족에게 주기 위해서 지금까지 준비해왔다. 지금의 이 경험이 개개인에게는 평생 잊지 못할 기억이요 경험이며 하나의 커다란 가족 사랑이 될 것이다.

멋있게 보이던 세 개의 봉우리가 구름에 덮이기 시작하면서 추워진다. 아쉽지만 오늘의 하이킹은 이만 접어야 할 것 같다.

기대가 크면 실망도 크다

다시 그린델발트 시가지를 걷는다.

스위스의 상품들은 사람들의 마음을 사로잡기에 충분하다. 마음에 드는 옷들이 몇 벌 눈 앞을 스쳤지만 문제는 가격이다. 그렇게 찾던 타이즈형 긴 양말을 아내가 드디어 발견했다. 무릎 위까지 올라오는 곤색으로 내일 쉴트호른과 그 후 북유럽 일정이 이제 한 시름 덜었다.

그린델발트 시가지에서 그린델발트 유스호스텔까지의 직선거리는 별로 멀지 않지만 상당한 언덕길이다. 언덕길을 걷기가 부담스러우면 차가 다니는 길로 돌아가면 되지만 운치는 좀 떨어진다. 역에서 그린델발트 버스를 타도 되지만 언덕길을 걷기로 했다.

그린델발트 시가지 풍경.

그린델발트 지역은 이름모를 야생화들이 만발해 있다.

시가지가 내려다보이는 오솔길을 올라간다. 날씨가 덥다. 가만히 있으면 견딜 만하겠지만 배낭을 메고 비탈길을 오르니 땀이 절로 난다. 여기 그린델발트는 해발 고도가 1,067m로 알려져 있다.

그린델발트는 집들의 모양이 거의 비슷하다. 유스호스텔의 모양도 다른 집들과 거의 같기 때문에 작은 언덕을 올라갈 때마다 혼동을 해 자꾸 골탕 먹는 기분이다. 여기려니 하고 나면 또 작은 언덕이 있고 그 위에 또 집이 있다. 아이들이 마당에서 놀기에 이 집이다 했는데 그 위에 또 길이 있다.

유스호스텔은 언덕이 끝나는 맨 위에 위치해 있었다. 몇 번의 수고 끝에 유스호스텔에 도착했다. 여행이 끝난 후 아내는 힘들게 올라온 그 길이 너무 운치 있고 마음에 든다고 지금도 유럽 이야기가 나오면 그 길을 떠올리곤 한다.

그린델발트 유스호스텔. 배낭여행객들 사이에 참 인기 있는 유스호스텔이다. 창밖으로 아이거 북벽이 바로 보이고 마을을 벗어난 언덕 위에 있어서 조용하다. 본 건물 한 동과 가족실 건물 한 동 이렇게 두 동의 건물이 통나무집으로 지어져 있다.

특히 가족실이 인기가 좋아 가족실에서 숙박을 하려면 성수기에는 적어도 몇 개월 전에 예약해야 한다. 부대시설도 많아 어린이를 위한 미끄럼틀도 있고 실내외에 탁구대가 설치되어 있다. 빨래방도 있어 밀린 빨래도 할 수 있다. 특히 식당 옆에 붙어있는 테라스가 압권이라 밤에 테라스 의자에 앉아 아이거 북벽을 바라보면서 마시는 한 잔의 커피는 유럽 배낭여행의 진수 그 자체라 할 수 있다.

하지만 우리 가족에게만은 그렇지 못했다. 노르웨이 보스의 유스호스텔과 함께 우리의 기대를 한 몸에 받았던 그린델발트 유스호스텔은 체크인에서부터 우리의 기대를 가차없이 무너뜨렸다. 분명히 2월에 예약할 당시 'Family'라는 것을 밝혔고 특별한 언급이 없기에 당연히 가족실로 배정될 줄 알았다. 그

러나 우리 가족에게 배정된 방은 6인실. 마른하늘에 날벼락이다. 처음부터 다인실로 생각했다면야 다른 여행객들과 하루 이야기를 나누는 기쁨을 누리겠지만 영 마뜩치 않다.

방도 영 아니다. 다락방인 데다 좁다. 방 입구에만 서있을 수 있고 침대 위에 서면 일어설 수가 없다. 당연히 전망은 완전 꽝이다. 다른 두 사람은 이미 들어와 있는지 엄청나게 큰 배낭이 두 개 있다. 배낭의 크기를 보니 동양 사람은 아니고 서양 사람들이다.

　그래도 일단은 마음을 바꾸었다. 우리가 마음먹은 대로만 되지 않는 세상이니 빨리 적응을 하는 것이 여행의 스트레스를 줄이는 일이다. 밖으로 나갔다. 미끄럼틀과 그네를 즐기며 여유 있는 저녁 시간을 누린다. 처음으로 저녁 식사 전에 숙소에 도착했다.

　저녁 식사 시간이다. 식당에 내려가니 사람들이 많다. 여기 유스호스텔은 시가지로부터 높이 올라와 있기 때문에 사람들이 저녁 식사를 하러 밑으로 내려가기가 힘들다. 숙박하는 사람들 대부분이 이곳에서 저녁 식사를 한다.

　저녁 식사는 온라인 예약시 미리 할 수도 있지만 우리는 여기에 도착해서 직접 했다. 1인당 요금이 13.5프랑, 4사람 요금이 세금 포함하여 63.2프랑이다. 비싼 스위스의 물가를 생각하면 내용도 가히 만족스러운 이곳 식사는 권할 만하다.

　뷔페식이다. 가족 단위의 여행객들이 여러 명 보인다. 부모나 자식들 모두 식사를 하는 표정이 밝다. 우리도 접시에 음식을 담아 테라스

그린델발트 유스호스텔의 가족실 건물.

그린델발트 유스호스텔의 본 건물.

로 나왔다. 테라스 저쪽에서 소시지를 굽는다. 독일에서 소시지를 먹어보지 못
해 서운하던 차에 얼른 가서 소시지를 하나씩 올렸다. 알프스의 영봉을 바라보
며 먹는 맛이 그만이다.

저녁을 먹었는데도 자꾸 따끈한 국물이 생각난다. 한국에서 1인당 하나씩
가져온 컵라면 생각이 절실하다. 일단 2개만 개봉하기로 했다. 주방에 가서 뜨
거운 물을 얻었다. 한국에서는 좀처럼 먹지 않는 컵라면이건만 여기에서는 참
맛있다. 얼큰한 국물에 속이 확 풀린다.

테라스에 앉아 산을 바라보고 있는데 요한이가 부른다. 지하에 빨래방이 있
다는 것이다. 5일 동안 밀린 빨래를 기계에 몰아넣었다. 3프랑을 넣으니 2시
간 10분이 표시된다. 오늘은 일정이 오랜만에 일찍 끝나서 좀 쉴 수 있을까 했
더니 틀렸다. 사서 고생이다.

빨래방 형광등이 이상하다. 정전이 두세 번 반복된다. 더듬더듬 문을 향해
나가다가 벽에 부딪혔다. 얼굴에 큰 충격과 함께 안경이 깨져버렸다. 다행히
렌즈가 깨지지 않고 테가 부러져 큰 부상은 입지 않았지만 앞으로의 여행이 걱
정이다. 도수가 들어있는 선글라스가 있지만 상황이 이렇게 되니 서울에 두고
온 예비용 안경이 내심 아쉽다. 방으로 들어가 테이프로 대충 얽어맨다.

리셉션에 가서 빨래방의 정전 사건을 알렸다. 그런데 사용 시간이 밤 10시까지라 시간이 넘으면 나가달라는 의미로 10분마다 불이 꺼진다는 대답이다. 그런 사실을 메모 한 장 안 써놓다니. 여행자 보험 처리를 위해 담당자에게 사건 경위서를 한 장 받았다.

다시 빨래방에 내려와보니 한꺼번에 집어넣은 옷들 탓일까, 빨래가 되어 있지 않다. 아내가 수도로 헹궈 건조실에 넣어 돌렸는데 몇 십분이 지나도 물이 그대로다. 일이 갈수록 꼬여만 간다. 어쩔 수 없다. 처음부터 다시 시작해야 한다. 시간은 새벽 1시를 향하고 있었다. 잠은 쏟아지고 빨래는 덜 끝났고 상황이 참 험악하다.

멋진 밤을 기대했던 그린델발트 유스호스텔. 완전히 반대의 상황이 되어버렸다. 내일의 일정을 생각해서 잠자리에 들어가는데 화가 치민다. 삶이 오늘은 나를 속였나.

안경 구입에 이주일 걸리는 유럽

7시에 일어났다. 어젯밤에 늦게 잤어도 오늘의 일정은 어김없이 찾아온다. 식당에 내려가니 사람들이 많다. 비록 어제 안경 사건 때문에 기분은 별로지만 그래도 알프스의 운치는 느껴야 할 것 같아 접시에 음식을 담고 테라스로 나갔다. 이곳 유스호스텔은 아침에도 식사가 비교적 잘 나오는 편이다. 가짓수도 많고 내용도 알차다. 구름에 싸여 있던 산봉우리가 구름이 걷히며 모습을 드러낸다. 역시 알프스의 산은 위압적이다.

반팔 차림이라 서늘한 기운에 다시 식당 안으로 들어왔다. 반팔 차림은 여기에서도 우리뿐이다. 우리는 유럽을 너무 만만히 보고 온 것 같다.

같은 방에서 하룻밤을 같이 보낸 데이비드 일행과 헤어져야 한다. 호주에서 왔다는 데이비드, 어머니와 함께 여행을 즐기는 모습이 참 좋아 보였다. 데이비드의 어머니는 적은 나이가 아닌데도 배낭 크기가 장난이 아니다. 내가 짊어지고 다니는 배낭보다도 더 크다. 데이비드는 호주 시드니에 사는데 한국인 친구도 있고 한국 음식도 좋아하는 편이라 한다. 우리는 데이비드에게 부채를 하나 선물했고 데이비드는 요한이에게 초콜릿을 주었다. 안경 사건만 아니었어도 좀 더 많은 대화를 나누고 밝은 표정을 보여주었으련만.

9시 30분 체크아웃 시간. 칼같이 시간 맞춰 나타난 직원들이 청소를 시작한다. 어제 탈수까지 했는데도 옷들은 아직도 물기가 한가득이다. 무게도 무게지만 안 말린 상태로 배낭 속에 계속 넣고 있으면 쉰 냄새가 날 것 같아 어제 그 원한 맺힌 빨래방에 다시 들어갔다.

건조기계에 넣고 30분을 돌렸다. 이용요금은 1프랑. 어제부터 빨래방이란 놈이 동전 참 많이 잡아먹는다. 건조기계에서 막 나온 빨래가 따뜻하니 그런대로 뽀송뽀송하다. 유스호스텔을 나서니 10시가 막 넘었다. 아침부터 비탈길을 내려가고 싶은 생각이 없다. 어제의 언덕길을 뒤로 하고 차들이 다니는 길로 돌아내려가기로 했다.

스위스는 대체로 차분하다. 항상 정돈되어 있는 느낌이다. 이탈리아와 같은 정열은 어지간해서는 찾아보기 힘들다.

우선 안경을 맞추어야 했다. 사람들에게 물어서 안경점을 찾아 들어갔다. 새 안경을 맞출 것이라 하니 직원이 뿔테 안경을 하나 보여준다. 척 보니 멋있어 보인다. 가격을 물어보니 280프랑으로 한국 돈으로 22만원을 호가한다. 비싸다는 말에 "This is Prada.", 어디가나 메이커들이란. 어차피 안경 값은 보험으로 처리하니 비싸더라도 그냥 구입하기로 했다. 이럴 때 아니면 언제 '프라다' 안경 한 번 써보겠는가.

언제까지 되냐고 하니 이주일이란다. 이틀도 아니고 이.주.일! 지금부터 이주일이면 유럽여행 자체가 상황 끝이다. 오늘 이곳을 떠난다고 하니 기존 렌즈 그대로 새 안경테에 넣으면 빨리 된다고 한다. 그래도 이틀 정도가 걸린다는 대답. 이틀 후 우리는 이미 파리에 가 있다. 하는 수 없이 여기서 안경 맞추는 것을 포기했다. 큰 맘 한 번 먹었건만 역시 '프라다'와는 인연이 없나보다.

스위스에서는 우리나라의 안경점처럼 자체적인 제품 공정을 통해 30분 정도면 완성되는 시스템이 아니다. 가게에서는 손님에게 안경 주문만 받고 작업은 공장에서 한다. 그렇게 완성된 제품을 다시 주문한 가게로 보내는 철저한 분업 시스템이다. 가격도 상당히 비싸기 때문에 스위스에 유학 온 사람들이나 거주하고 있는 교민들은 한국에 들렀을 때 안경을 몇 개씩 맞춰 온다.

테이프를 활용한 어제의 임시안경으로 버티는 수밖에 없다. 테이프로 돌돌 말아놓은 모습이 영락없는 잠자리 안경이다. 예비용 안경을 준비하지 않은 것은 내 불찰이니 참을 수 밖에. 안경이 좀 비뚤어지다 보니 초점이 약간 안 맞아 눈이 아프다.

# 구름 속의 산책, 쉴트호른

그린델발트 역에서 다시 BOB를 탔다. 오늘은 역에서 정식으로 쯔바이뤼취넨까지 가는 열차표를 구입했다. 쯔바이뤼취넨에서 쉴트호른까지는 어제와 마찬가지로 쉴트호른 티켓을 이용할 수 있다.

라우터브룬넨에 도착했다. 라우터브룬넨에서 쉴트호른으로 가는 방법은 두 가지가 있다.

하나는 푸니쿨라를 타는 방법이다. 푸니쿨라는 계단식 열차의 형태로 만들어졌기 때문에 맨 앞자리나 뒷자리가 경치 구경에 좋다. 그뤼트살프에서 내려 거의 수평으로 쭉 뻗어있는 등산열차를 타고 뮈렌에서 내린다. 뮈렌에서 한 15분 정도 걸어가면 케이블카가 나오는데 이를 타고 비르크를 거쳐 쉴트호른에 오르면 된다. 또 하나는 라우터브룬넨 역 건너편에 있는 승강장에서 포스트 버스로 슈테헬베르크로 가서 케이블카를 이용해 뮈렌까지 오는 방법이다. 마찬가지로 뮈렌에서 다시 케이블카를 타면 된다.

올라갈 때와 내려갈 때 한 가지씩 이용하면 다양한 탈거리를 맛볼 수 있다. 그러나 가는 날이 장날이라고 우리가 간 날은 푸니쿨라가 공사중이라 이용할 수가 없었다. 하는 수 없이 올라갈 때와 내려올 때 똑같은 코스를 이용하는 수밖에 없었다.

산책 하나. 꼬리에 꼬리를 무는 케이블카

포스트 버스는 대략 30분에 한 대 정도. 조용한 길을 버스가 달린다. 쉴트호른 이정표가 계속 나타나고 중간에 트뤼멜바흐 폭포의 이정표도 보인다. 슈테헬베르크에서 내리니 바로 옆에 킴멜발트와 뮈렌행 케이블카 승강장이 있다.

케이블카가 오르기 시작한다. 암벽들이 케이블카로 바짝 다가온 것처럼 가깝다. 암벽타기를 좋아하는 사람들에게는 가히 환상적일 것 같다.

킴멜발크에서 뮈렌으로 가는 케이블카로 갈아탔다. 등산열차만 계속 타고 올라가야 하는 융프라우보다 잘한 선택이지 싶다. 융프라우는 클라이네 샤이데그에서부터 계속 터널 속을 다니기 때문에 융프라우 도착 전까지 바깥 경치를 보기 힘들다. 그에 비해 우리의 쉴트호른 여정은 어떤가. 절경 속에서 아슬아슬, 손에 땀을 쥐게 하는 케이블카 여행이 매력적이다.

뮈렌에 내리니 바로 그 옆에 또 케이블카가 대기해 있다. 여행안내책의 내용과 다르다. 어쨌든 더 좋아진 것은 사실이다.

세 번째 케이블카를 타니 현재 기온이 섭씨 13도로 표시된다. 고도가 높아지면서 드디어 케이블카가 구름 속으로 들어간다. 구름 위를 산책하는 비행기와는 또 다른 구름 '속' 의 산책이다.

비르크에 도착했다. 해발 2,676m다. 어제 올라갔던 피르스트보다 대략 500m가 더 높아 우리나라의 백두산 높이에 가깝다. 승강장에 눈이 보인다. 대부분의 사람들이 등산용 점퍼에 등산화로 중무장인데 우리 가족만 샌들이다. 우리 가족의 복장은 여전히 어제와 같다. 경보병 소대가 기갑부대와 맞서 싸우러 가는 격이다.

드디어 마지막 케이블카가 올라가기 시작했다. 바로 밑에 보이는 풍경은 천 길 낭떠러지다. 우리는 한 줄의 케이블 선에 매달려 허공을 올라간다. 고도가 더 높아지니 이제 구름 속을 벗어나 하늘이 열리기 시작한다. 하지만 그것도 잠시, 이내 구름이 다가와 케이블카를 덮는다. 저쪽에 피츠 글로리아가 보인다. 주위는 온통 눈이다.

드디어 쉴트호른 정상. 해발 2,967m, 딱 떨어지는 10,000피트다. 다른 알프스 산보다 고도가 낮기는 하지만 '누가 누가 더 높나' 하는 시합을 하러 온 것이 아닌 우리에게는 이 정도면 알프스를 감상하기 충분하다.

피츠 글로리아 밖 테라스에 눈이 쌓여 있다. 우선 사진을 찍었다. 날씨가 서늘하다. 그나마 아내와 요한이는 어제 그린델발트 시가지에서 산 타이즈 양말을 신어 좀 견디는 것 같고 요섭이는 뮌헨에서 산 추리닝 윗도리로, 나는 한국에서 가져간 긴팔 옷으로 견뎌내고 있다.

샌들을 신어서인지 눈 속을 다닐 때 좀 신경이 쓰이지만 기분이 진짜 좋다. 아, 정말로 알프스에 왔다!

Schilthorn

산책 둘. 인간답게 사는 법, 피츠 글로리아

쉴트호른은 영화 〈007-여왕폐하 대작
전〉에 나온 전망대다. 베르너 오버란트
의 3대 봉우리뿐만 아니라 브라이트
호른에서 블륌리스알프로 이어지
는 200여 개의 봉우리를 볼
수 있는 좋은 경관을 지니
고 있었다.

일단은 식후경이다.

쉴트호른에서

의 식사는 이미
한국에서부터
피츠 글로리아
로 내정되어 있
다. 값이 많이 비쌀
것 같지만 여행이라는 것이
결국 문화체험인 만큼 알프스를 즐
기면서 하는 식사가 곧 유럽을 즐기는 것
이라고 가족들 모두가 동의한 상태라 망설임은
없다.

피츠 글로리아는 쉴트호른 정상에 위치한 회전

레스토랑이다. 두 개의 회전하는 플랫폼에 400석이 마련되어 있는 이 레스토랑은 태양열에 의해 움직인다. 레스토랑 자체가 이미 훌륭한 전망대로써 티틀리스부터 배르니즈 알프스를 따라 프랑스령인 몽블랑과 독일령인 흑림까지 볼 수 있다.

마침 창가 바로 옆자리가 비어있다. 식탁 위에 종이로 된 메뉴판이 놓여 있는데 한국 사람이 많이 와서인지 한글도 보인다.

아침 메뉴와 점심 메뉴가 다르다. 10시 45분까지가 아침 메뉴로 '007 제임스 본드' 라는 이름이 붙어있다. '푸짐한 아침 식사, 한 잔의 프로세코와 스크램블드 에그가 곁들여 나온다' 는 그 식사의 가격은 22.5프랑, 14.33유로다. 여기서는 스위스 프랑과 유로화 두 가지로 지불을 할 수 있고 두 화폐는 1유로에 1.5스위스 프랑의 환율로 계산되어 있다.

11시부터 15시 30분 사이의 점심 메뉴는 아침 메뉴보다 다양하다.

특선 스프가 제일 먼저 나왔다. 그릇도 크고 양도 많다. 빵이 한 바구니 함께 나왔는데 빵만 먹어도 1인분 식사는 될 것 같다. 닭고기 누들 스프가 우리 입맛에 맞는다. 특선 스프보다 상대적으로 더 얼큰하다. 스파게티에는 소시지

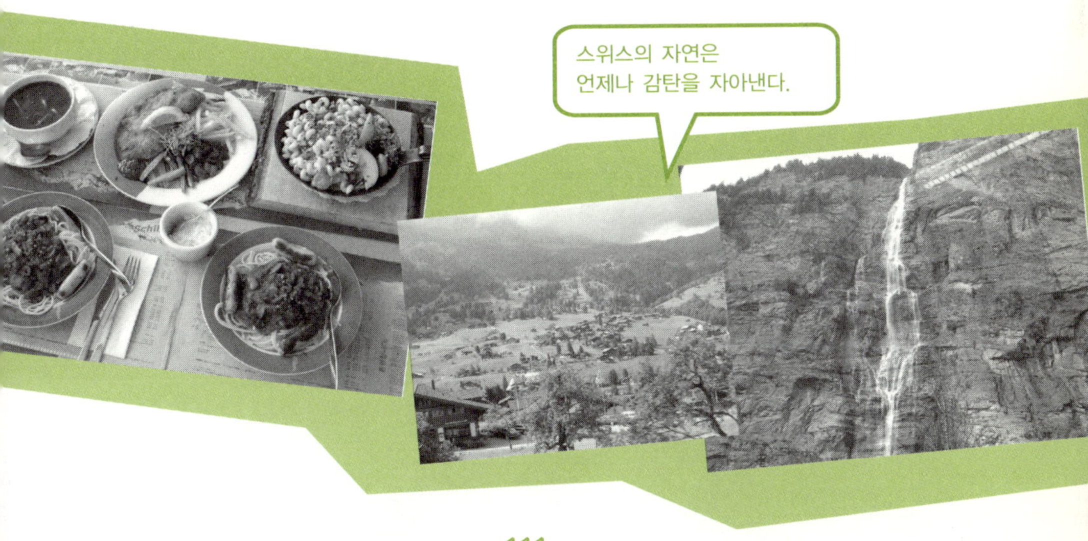

가 들어있어 푸짐하고 파스타 냄비도 푸짐하기는 한데 크림소스라 역시 좀 느끼하다. 한국에서 가져간 고추장 소스로 입가심을 했다.

음식을 즐기면서 먹다 보니 벌써 좌석이 거의 두 바퀴는 돌아간 것 같다. 음식도 맛있었고 분위기도 좋아서 계산할 때 종업원에게 팁을 주었더니 고맙다고 한다.

대략 계산을 해보니 6만원이 좀 넘는 가격이다. 유럽에 와서 먹는 최고의 가격이다. 돈 벌어 뭐하겠는가, 이런 때 열심히 써야지.

산책 셋. 뮈렌, 스위스의 천연 농가

쉴트호른 정상은 완전히 눈으로 덮여 있더니 비르크로 내려가니 다시 푸른 초원이 보이기 시작한다. 그리고 산악자전거가 다닐 수 있는 오솔길이 보인다. 또 한 번 케이블카를 타니 뮈렌에 도착했다.

뮈렌. 사실 시간 여유가 있으면 한 번쯤 들러보고 싶은 곳이다. 베르너 오버란트 지역 중에서 알프스를 보는 경관이 상당히 좋고 아름다운 지역으로 알려져 있다. 그린델발트가 목가적인 분위기를 연출하는 마을이라면 라우터브룬넨 계곡 위에 아슬아슬 매달려 있는 뮈렌은 스위스를 통틀어 가장 잘 보존되어 있는 농가 마을이다. 깨끗한 자연 보존을 위하여 가솔린이나 디젤, 가스를 연료로 하는 자동차의 통행이 금지되어 있어 마을에서 운행되는 모든 차는 전기 자동차다.

영화 〈007-여왕폐하 대작전〉이 만들어지기 전까지는 대부분의 주민들이

소를 기르고 우유를 이용하여 치즈를 만들거나 허브류를 재배하며 생계를 유지했다. 마을 위쪽의 쉴트호른이 촬영지로 알려지면서 함께 관광지로 급부상하게 되었다. 전망이 뛰어난 언덕과 아찔할 정도로 스릴을 느낄 수 있는 지역에는 호텔과 레스토랑이 여러 개 들어서 있지만 마을은 아직도 옛날 모습이 고스란히 보존되어 있다. 스위스 시골 분위기를 맛보기에는 제격이다.

이곳에서 케이블카로 5분이면 김멜발트까지 내려오지만 하이킹을 하는 이들도 많다. 이정표에는 30분 정도 걸린다고 되어있지만 실제로 하이킹을 하면 경치에 반해 중간 중간 쉬면서 사진도 찍고 하기 때문에 한 시간 정도 걸린다. 어쨌든 오늘 우리는 베른까지 가야 하는 입장이라 계속 케이블카를 타고 라우터브룬넨으로 향했다. 김멜발트에 도착하니 어김없이 슈테헬베르크로 가는 케이블카가 기다리고 있다. 완전 자동화시스템이다. 내리면 대기하고 있고, 내리면 대기하고 있고.

폭포의 틀을 깨는 색다른 자연과의 조우

슈테헬베르크에서 다시 포스트 버스에 올라탔다. 라우터브루넨으로 가는 버스인데 우리는 중간에 트뤼멜바흐 폭포에서 내렸다.

트뤼멜바흐 폭포. 여행안내서에는 동굴폭포라고도 알려져 있다. 입장권은 어른 11프랑, 어린이 4프랑. 아이거, 묀히, 융프라우에서 흘러나온 물이 동굴 속에 모여 10단의 바위를 타고 흘러내리는 곳이다. 오랜 시간 끊임없이 힘차게 떨어져 내린 거대한 물줄기는 단단한 암벽을 뚫고 터널과 동굴을 형성해 놓았다.

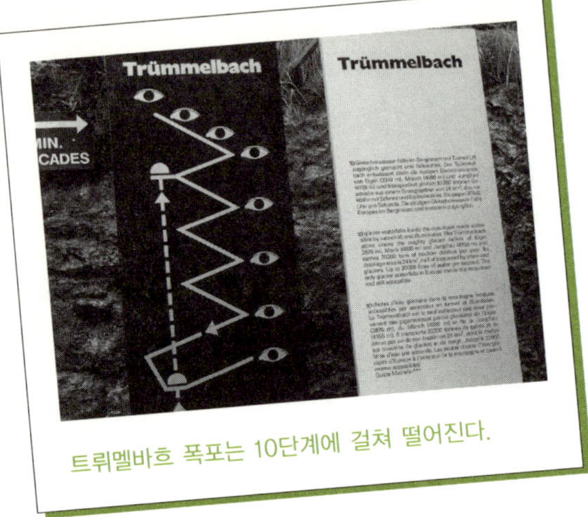
트뤼멜바흐 폭포는 10단계에 걸쳐 떨어진다.

입구에서 2~3분 걸어 올라가니 직원이 엘리베이터를 타라고 한다. 어두운 동굴에 엘리베이터가 놓여 있다. 100m 정도 위로 올라가니 6번 폭포다. 다시 계단을 올라가면 폭포의 맨 윗부분이다. 10번 폭포부터 차례로 구경할 수 있다.

외부와 격리된 동굴 안에서 걸어 내려오며 폭포를 본다. 동굴의 벽 사이로 폭포가 보이는데 조명이 있어 밑으로 내려가는 물이 보인다. 초당 20,000리터의 물이 흘러 내려간다. 물줄기가 상당히 세다. 너무나 빨리 내려가는 물줄기에 전율이 흐른다. 자칫 잘못하면 저곳으로 떨어져 미끄러져 죽겠구나 하는 생각이 든다. 실제로 이곳에서는 몇 년 전에 우리나라 관광객이 미끄러져서 목숨을 잃은 일이 있다.

요한이는 각각의 폭포 사진을 찍고 있다. 좀 위험스럽게 보이지만 한참 찍고 있는 아이에게 위험하다고 뒤로 물러나오라고 하면 놀라서 카메라를 물에 빠뜨리거나 미끄러질까봐 그냥 보고만 있었다. 이렇게 10번부터 하나씩 보고 내려오다가 5번 폭포에 이르면 동굴을 벗어나 밖에서 폭포를 감상하게 된다.

지금까지 우리가 생각하는 폭포라는 것은 위에서 밑으로 내려오는 단순한 폭포였다. 그러나 트뤼멜바흐 폭포는 그런 개념을 깨며 새로운 모습으로 우리 앞에 있다.

폭포 구경을 마치고 라우터브룬넨으로 가는 버스를 기다린다. 버스는 한 시간에 두 대, 매시 2분과 32분에 있다. 버스를 기다리며 앉아있는데 일련의 한국 사람들이 폭포를 구경하고 나오고 있다. '한국에서 오셨어요?' 로 시작되는 인사말이 끝나고 이야기를 나눈다. 그들은 패키지 관광팀이다. 그들을 태울 버스가 길 건너편에 세워져 있다. 라우터브룬넨으로 가는 방향이면 우리를 태워 줬으면 싶은데 버스의 방향이 우리와는 반대다.

저 사람들이 부러워 보인다. 얼마나 편할까. 폭포 앞까지 실어다 주고 폭포를 구경하고 나오면 저렇게 또 태워서 다른 곳으로 데려가고, 우리처럼 열차시간 늦을까봐 조바심내지 않아도 되고, 더욱이 호텔이나 길 찾느라고 수고할 필요도 없고.

하지만 그것은 우리의 관점이겠지. 저들은 지금 버스 안에서 우리를 부러워하고 있을 수도 있다. 저 사람들 한 가족이 여행 참 재미있게 하고 있구나. 쉬고 싶으면 쉬고, 마음에 들면 좀 더 시간을 갖고 즐길 수도 있고, 음식 골라 먹는 재미도 있고. 나도 조금만 젊었어도 또는 조금만 더 연구를 했으면 저렇게 다닐 수 있을 텐데.

 ## 여행은 인생의 남는 장사다

인터라켄 웨스트. 스위스 여행의 마지막은 유람선으로 장식하려 했건만 이미 유람선 운행이 끝나 있었다. 밤까지는 아니더라도 저녁 해 지기 전까지는 운행할 줄 알았는데 계산착오다.

인터라켄 역에서 출발하는 유람선은 인터라켄 오스트 쪽에서는 16시 10분이 마지막 배다. 16시 10분에 출발한 유람선은 17시 25분 브린쯔에 도착하고 17시 34분에 브린쯔에서 출발하여 다시 인터라켄 오스트에 18시 50분에 도착

스위스, 우리는 알프스의 아름다움을 실컷 만끽했다.

툰 호수에 해가 지고 있다. 우리네 인생도 이렇게 흘러간다.

한다. 인터라켄 웨스트에서 출발하는 유람선도 비슷하다.

유람선을 포기하고 인터라켄에서 저녁이나 먹기로 했다. 웨스트 역 바로 앞에 한국 식품을 파는 슈퍼마켓이 있다. 컵라면은 기본이요 삼각김밥까지 판매한다. 잠시 들어가 보니 배낭여행객이 좋아할 만한 한국 식품들의 집합소다.

웨스트 역 근방은 음식점이 많다. 퐁뒤를 파는 집들도 있는데 한국인 여행객들을 위해 한글로 써놓은 음식 안내가 친절하다. 요한이는 퐁뒤를 먹고 싶어했다. 그러나 차이니즈 퐁뒤가 겨우 입에 맞을까, 나머지는 느끼해서 먹기 힘들다는 어른들의 주장에 밀려 뜻을 접었다.

강촌에 들어가 한식을 먹기로 했다. 여행 중 한식을 먹는 횟수가 예정보다 많아지기는 했지만 한식이 다른 음식 값에 비해 특별히 비싸지 않으니 굳이 기피할 이유가 없다. 강촌의 문턱을 넘었다. 오늘도 변함없이 배낭객을 위한 요리가 15프랑 그대로 우리들을 기다리고 있었다. 오늘의 메뉴는 육개장과 김치, 미역무침이다.

19시 30분, 리고 익스프레스가 역에 들어온다. 리고는 고속열차도 아니고 나라와 나라 사이를 다니는 인터시티도 아닌 일반열차다. 저것이 베른 쪽으로 가는지 루째른 쪽으로 가는지 알 수가 없어 머뭇거리는 사이 열차가 출발해버렸다.

요한이는 가능하면 유럽의 모든 열차를 다 타보는 것이 여행 테마 중의 하나이니 그냥 올라타도 상관없었다고 아쉬워한다. 베른 쪽으로 가면 목적지로 가니까 상관없고, 루째른 쪽으로 가더라도 몇 분 타고 인터라켄 오스트에서 내리면 그만이었다. 여행은 상황에 따른 순간적인 결단력이 중요한데 벌써 중반기에 접어드니 피곤가 누적되어 상황파악이 늦어진다.

20시를 막 넘기면서 열차가 들어왔다. 해가 떨어지기 시작한다.

오늘의 일정은 만족스럽다. 오늘까지 현지 6일째. 이정도만 해도 많은 것을 보고 느꼈다는 생각이 든다. 여행을 할 수 있는 기회가 되면 이것저것 따질 것 없이 떠나는 것이 인생을 위한 일이며 남는 장사다.

날이 저물어간다. 스위스 들녘이 평화롭다. 여행을 할 때면 해질녘이 항상 불안했는데 가족이 함께 있어서인지 그런 생각이 들지 않는다. 한 시간 정도 달려 열차는 베른 역에 도착했다.

지하로 내려와 하우프트 반호프 플라츠로 나오니 바로 앞에 Hotel City Am Bahnhof가 보인다. 우리가 묵을 호텔이다. 인터넷에서 예약할 때 호텔의 위치가 중앙역 바로 앞에 있다고 해서 주저 없이 결정했다. 내일 아침 파리로 가는 TGV를 타야 하기 때문이다.

문 쪽에 Hotel Ambassador의 요금과 비교해놓은 표가 붙어있다. 싱글 룸이 310프랑과 210프랑, 더블과 트윈 룸이 350프랑과 240프랑, 트리플 룸이 400프랑과 270프랑으로 이 호텔이 더 가격이 싸다고 알려주고 있다. 우리는 한국에서 이 호텔 트윈 룸 두 개를 194,300원에 예약했으니 확실히 싸게 예약을 하였다. 방도 넓고 깔끔하다.

스위스에서의 여행이 끝나가고 있다.

아침. 식당으로 내려갔더니 음식을 차려 놓은 곳에 한 아주머니가 있다. 이름을 말했더니 우리의 오늘 아침 식사는 컨티넨탈(Continental)식이라고 한다. 한국에서 인터넷으로 호텔 예약을 할 때 아침 식사의 종류를 컨티넨탈식으로 했다. 빵과 커피를 기본으로 육류 가공품들로 풍족한 아침을 지향하는 아메리카식과는 달리 간단한 유럽풍 조식이다.

우리는 가운데 놓여 있는 빵과 잼, 버터, 커피, 차, 주스까지만 먹을 수 있고 그 양 옆에 있는 치즈와 요플레, 과일 샐러드는 먹지 말라고 한다. 막상 이렇게 먹는 것에 대해 차별을 받으니 기분이 이상하다. 하지만 컨티넨탈식이라는 것을 알고 예약을 했으니 할 말은 없다.

규정을 철저히 지키는 스위스 사람들이니 규정대로 먹어야 한다. 요한이가 음식을 접시에 담다가 'Fruit O.K.?' 하고 물었더니 'No.' 라고 한다. 이 말을 들은 요한이가 '아!' 하고 탄식을 하니 좀 안되어 보였나 보다. 얼른 다시 요한이에게 건네는 말, "You, fruit O.K."

그 모습을 보면서 피부색은 달라도 사람 사는 모습은 다 비슷하다고 생각했다.

이번 여행에서 얻는 소득 중의 하나는 피부색이 다른 사람들에 대한 이질감이 줄어든다는 것이다. 비록 저 사람이 나와 피부색은 좀 달라도 똑같은 감정을 지니고 살아가는 사람이라는 것. 저 사

컨티넨탈식 아침은 단출하다.

람도 상황에 따라 나와 같이 분노할 수 있고, 같이 기뻐할 수 있다는 것. 그리고 저 사람도 자식 아끼고 위하는 것은 나와 똑같다는 것.

8시 조금 넘어서 호텔을 나섰다. 그래도 열차시간에 여유가 있다. 호텔에서 바로 길을 건너면 열차역이다. 7프랑 정도의 동전이 남았다. 여기에서 이 동전을 다 사용할까 하다가 다음에 유럽에 다시 올 것을 생각하여 남겨 놓기로 했다.

열차가 들어왔다. TGV이다. 이제 이 열차를 타고 프랑스로 넘어간다.

스위스에서의 비용 1,154,595원		〈단위: 스위스 프랑〉
트램	10(8,090원)	유스호스텔 (145,275원)
트램	12.8(10,355원)	간식 12.4(10,032원)
점심	43.80(35,434원)	쉴트호른 티켓 348(281,532원)
피르스트 티켓	126(101,934원)	타이즈 양말 30(24,270원)
저녁 식사	63.2(51,129원)	세탁비 12(9.708원)
유스호스텔	100,349원	등산열차 차비 15.2(12,297원)
피츠 글로리아 점심 식사	110(88,990원)	트뤼멜바흐 폭포 입장료 30(24,270원)
엽서	4(3,236원)	코인로커 6(4,854원)
저녁 식사	60(48,540원)	숙박비 194,300원

FRANCE

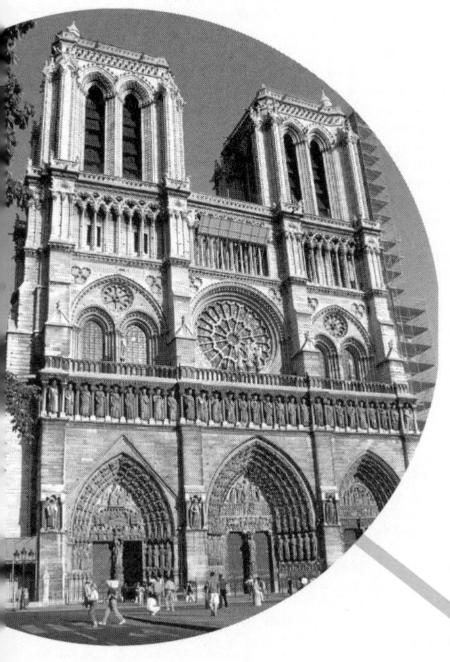

# TGV 타고 파리에 입성하다

프랑스로 넘어오니 주위의 풍경이 바뀌었다. 여전히 기차 옆으로 구릉이 보이기도 하지만 전체적으로 너른 평원이다. 우리나라 같으면 뭔가 심어서 농사를 지으련만 이 넓은 땅들이 그냥 풀밭으로 남겨져 있다.

우리나라는 땅이 좁고 산이 많다. 그런데 인구는 많다. 물론 농촌의 인구가 줄면서 휴경지가 늘어나고 있기는 하지만 전체적으로 농사를 지을 수 있는 농지가 적은 것은 사실이다. 그런 면에서 프랑스는 좋은 자연 여건을 지닌 나라다. 자연이 풍요로우니 사람들의 마음이 넉넉해지고, 넉넉한 마음에서 풍요로운 예술의 싹이 터서 전개된 것이 아닐까.

TGV가 아직까지는 화끈한 스피드를 보여주지 않고 있다.

이전에 우리나라의 초고속열차 사업에서 프랑스의 TGV, 독일의 ICE-2, 일본의 신칸센이 경쟁을 했다. 최종 낙점은 프랑스의 TGV. 그 이유중의 하나는 '호환성'이었다. 이미 유럽 각국을 달리는 국제 철도에서 사용중이었던 TGV는 3개 이상의 전력 체계에 대응할 수 있었다. TGV는 특별히 맞춤 제작되지 않은 선로에서도 달릴 수 있다는 것이 가장 큰 장점이다. 그 당시 ICE나 신칸센은 자기 나라에만 대응되는 시스템을 유지하고 있었다. 또 기술 이전도 한 몫을 했다. 어느 정도까지 이전해주었는지는 실무자들만이 알고 있겠지만, 그 덕에 우리나라에서는 국산화율이 90%가 넘는 고속철도차량인 'G7'의 개발이 완료되었다.

우리가 타고 있는 일등칸은 전기기구를 꽂을 수 있는 콘센트가 있다. 기차 자체는 스위스 철도청 소속이라서 그런지 우리나라 가전기구의 플러그가 별다른 장치 없이 그냥 들어간다. 좌석은 넓은 편으로 옆에 있는 팔걸이를 치우면 더 넓어진다. 옆에 있는 스위치를 누르면 의자가 앞으로 나오며 눕혀지고 그 옆에 있는 스위치를 누르면 의자가 뒤로 들어가면서 세워진다.

차안이 서늘한 것 같아서 긴팔 옷을 꺼내 입었다. 이 기차에 타고 있는 거의 모든 사람들이 긴팔 옷을 입고 있다. 잠에 빠져 있던 식구들이 하나 둘씩 깨어나기 시작했다. 요한이와 함께 기차 구경을 나갔다. 일등칸 객차를 몇 개 거치니 식당칸이 나타나고 그 뒤쪽으로 이등칸의 객차가 나타난다.

식당칸에 한국 사람들이 앉아서 담화를 나누고 있는데 얼핏 들려오는 소리가 부동산이니 투자니 하는 이야기들이다. 훌훌 털고 바람처럼 다니는 여행의 일정에서 그런 이야기를 들으니 갑자기 기분이 상한다. 삶의 많은 것을 남겨놓고 떠나는 것이 여행이건만.

파리 입성. 스위스의 산골에서 며칠 놀았다가 대도시에 입성하니 완전히 촌놈이 서울에 온 기분이다. 역 구내에 사람들이 버글거린다. 한국 사람들도 꽤 눈에 띈다. 우선 점심을 해결하기로 했다. 역 구내의 가게에서 빵과 콜라를 사서 한 끼를 때웠다.

 프랑스 사람들이 사는 방식

오늘의 숙소는 '파리별장'이다. 전체 여행 중 민박에 묵는 날이 딱 하루인데 바로 오늘이다. 파리별장이라는 민박집은 파리 시내 여러 곳에 있다. 우리가 묵는 곳은 파리별장 중 루브르별장. 루브르 박물관 바로 옆이라 붙은 이름이다.

역 플랫폼과 연결된 지하로 내려가 한국으로 전화를 걸었다. 독일 뮌헨에서 양가 부모님께 안부전화를 드리고 두 번째다. 전화를 자주 드리려 하지만 여행을 다니다 보면 깜박잊기 일쑤고 생각이 나도 시차를 계산해보면 한국이 너무 늦은 시간이 되곤 한다. 한국의 날씨는 지금 너무 더워서 견디기 어려울 지경이라고 말씀하신다. 그래도 부모님이 건강하시니 이렇게 마음 놓고 여행을 다닐 수 있다. 우리가 바람처럼 이렇게 유럽을 휘젓고 다닐 때, 부모님은 며칠에 한 번씩은 집에 오셔서 환기도 시키시고 배달된 우편물도 정리해주신다. 고마울 따름이다.

안부 전화를 마치고 민박집으로 전화를 하려니 문제가 생겼다. 한국에서 만들어온 전화카드(사실 카드가 아니고 번호지만)로는 프랑스 국내 전화가 되지 않는다. 우리가 사용방법을 잘 몰라서인지, 국제전화만 가능한 건지 확인할 방법이 없다.

파리의 민박집에 연락이 되지 않으니 답답하다. 예약을 할 때 출발 며칠 전에 메일을 한 번 달라고 했었는데 우리는 한국에서 출발하기 전날 메일을 보내고 답신은 확인해보지 않았다. 민박집 위치도 당연히 파리에서 전화를 하면 쉽게 찾아갈 수 있을 것이라 생각했는데 전화가 안 되니 상황이 꼬이고 있다. 동전을 이용한 전화기도 보이지 않는다.

마지막 수단이다. 주위의 사람에게 부탁을 하기로 했다. 멋있게 생긴 신사가 옆에서 핸드폰으로 전화를 하기에 민박집 번호를 보여주며 전화를 부탁했다. 마음씨 좋은 파리 신사 덕에 무사히 민박집과 연락이 닿았다. 지하철을 타고 루브르 전 역에서 내려 황금 동상 앞으로 오면 마중을 나오겠다고 한다.

지하철 표는 10장을 한 묶음으로 파는 까르네를 구입했다. 네 명이 지하철을 타게 되면 한꺼번에 4장이 소요되니 두 번 반을 이용할 수 있다. 내리는 역은 튈르리, 출구가 하나다. 나오는 방향으로 조금 걸어가니 정말 어떤 사람이

말을 타고 있는 황금빛 동상
이 보인다. 한 아주머니가 딸
을 데리고 나와 있다가 우리
가족을 맞이한다. 드디어 민
박집이다.

방에 들어서니 더블 침대
가 두 개 놓여 있고 취사 시
설도 있다. 작은 식탁과 의
자 몇 개가 구비된 원룸식

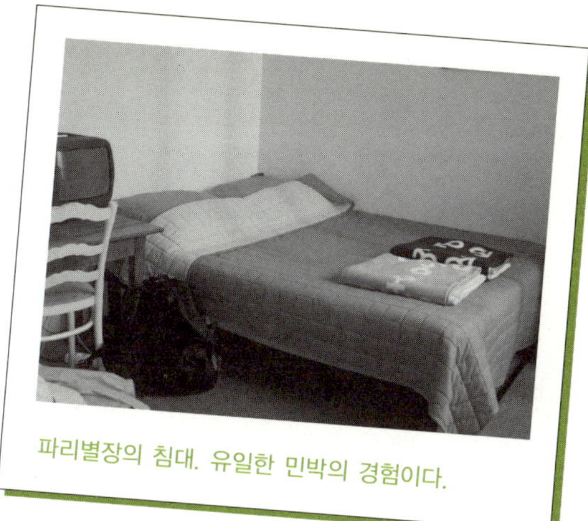

파리별장의 침대. 유일한 민박의 경험이다.

이다. 샤워를 할 수 있는 화장실도 딸려 있다. 전날 묶은 사람들의
짐인 듯 방 한쪽에 배낭이 가지런히 놓여 있다. 우리도 내일 체크 아웃하면서
잠시 짐을 맡겨놓고 나가야 한다.

주인 아주머니가 파리에 살며 겪은 이런저런 이야기를 들려준다. 몇 년 전에
서울을 떠나 파리로 왔고 파리에 오니 프랑스 사람들이 사는 방식이 한국과 차
이가 많아 불편함이 많았다고 한다.

얼마 전에는 이사를 했는데 전화를 옮기는 데 25일 걸렸다고 한다[이는 프랑
스에서도 좀 오래 걸린 특별한 경우]. 사용하고 있던 인터넷을 연결하려면 한
달 열흘 걸린다는 이야기, 아이들 학교 전학 보내는 데 소요되는 복잡한 수속들
등 이야기를 듣다 보니 한국에서 막 온 사람은 정말 속 터져서 못 살 것 같다.

전에 세를 살던 집에서는 수도가 고장이 나서 집안에 물난리가 났었는데 물
이 아래층으로 내려가고 난리도 아니었다는 이야기도 덧붙이신다. 수도는 고
쳤지만 이 경우 비용은 아주머니가 부담했다고 한다. 막 이사를 해서 생겨난
일이기 때문에 한국에서는 집주인이 고쳐주는 것이 상식이지만 프랑스에서는

파리별장 입구, 주인 아주머니의 친절과 입담이 그리워진다.

아무리 상황이 급해도 사전통보를 해야만 한다. 급한 김에 집주인에게 알리기 전에 상황처리를 해놓고 이야기를 하면 비용을 받아낼 수 없다. 엄밀히 말하면 아주머니는 집주인의 허락을 받지 않고 집의 상황을 바꾸었다는 책임을 지게 된 것이다.

거지 이야기도 재미있었다. 프랑스에서는 거지의 인권도 철저히 인정된다. 거지가 터를 잡으면 그 터는 거지의 장소로 인정이 되어 시에서 마음대로 다른 곳으로 보낼 수가 없다. 단지 거지에게 '여기 말고 저기로 가는 것이 어떠냐' 하는 권유 정도는 가능하다. 그래서 가면 다행이고 안 가도 어쩔 수 없다. 날이 추워지면 거지가 얼어 죽을까봐 두꺼운 텐트도 가져다주고 굶어죽는 것을 방지하기 위해서 아침이면 따뜻한 음식도 가져다준다. 참으로 거지들 세상이다.

그런데 문득 그런 생각이 들었다. 만약 프랑스에서 한국 사람이 거지가 되면 어떻게 대우할까. 흑인이 거지가 되어도 그런 혜택을 줄까. 잘은 모르겠지만 그렇게까지 해줄 것 같지는 않다. 프랑스 여배우의 개고기 비난 사건 이후 프랑스 사람들의 타문화에 대한 배타성을 여실히 느꼈다. 일반화의 오류라 해도 한 번 생긴 선입견은 잘 없어지지 않는다.

 # 루브르 박물관 스케치

오늘은 루브르 박물관을 구경하고 저녁을 먹은 후 민박집에서 진행하는 야경투어를 한다. 루브르 박물관은 천천히 걸어도 몇 분 안에 갈 수 있을 정도로 민박집에서 가깝다.

스케치 하나. 딜레마, 슬픈 세계 역사의 현장이건만

루브르 박물관. 더 이상 말이 필요 없을 정도로 세계적인 박물관이다. 파리에서 감상해야 할 세 개의 유명한 관광지인 루브르 박물관, 오르세 미술관, 베르사이유 궁전 중에서도 제일 유명하다.

하지만 이 박물관 역시 대영 박물관과 마찬가지다. 외국에서 강탈한 문화유산들로 가득하다. 병인양요 때 약탈해간 외규장각 도서들을 비롯해서 고대 페르시아의 영토에서 약탈한 세계 최초의 성문법인 함무라비 법전, 에게해의 섬에서 약탈해간 밀로의 비너스, 고대 이집트 문화유산들. 실로 엄청난 양이다.

이렇게 보면 참 슬픈 세계 역사의 현장인데 지금 우리는 단지 유명한 작품이라는 이유 하나만으로 관람하려고 한다. 루브르에서 만날 수 있는 유명작품들은 나폴레옹의 대관식, 민중을 이끄는 자유의 여신, 모나리자, 메두사의

떼목, 사모트라케의 니케, 암굴의 성모, 그랑 오달리스크, 사르다나팔루스의 죽음, 보르즈게의 검투사 등 일일이 다 꼽을 수도 없다. 그러니 아니 갈 수는 없다. 서글퍼지는 딜레마일 수밖에.

우선 드농 관으로 입장했다. 어차피 방대한 루브르 박물관의 전시물들을 다 볼 수는 없는 것, 드농 관에서 볼 수 있는 것들만 보고 나머지는 다음 번 파리 입성을 기약하기로 했다.

루브르 박물관의 입장료는 오후 3시 이전과 오후 3시 이후의 입장료가 각각 다르다. 물론 18세 이하 청소년은 무료다. 프랑스에서는 교육에 관한 시설에 대해서 교사는 무료입장이라고 알고 있기에 한국에서 국제교사증을 만들어 왔다. 입장하면서 국제교사증을 내밀었는데도 표를 끊어오라고 한다. 2년 전부터 규정이 바뀌었다고 한다. 하는 수 없이 다시 나가서 입장권을 구입했다. 오후 시간이라 어른 두 사람의 입장료가 17유로다. 이러면 내일 베르사이유 궁전도 입장료를 내야 하는데 국제교사증을 만들어온 의미가 퇴색된다. 단순히 외국에서 신분을 확인할 증명으로만 사용하게 될 것 같다.

스케치 둘. 단 하나의 작품이 던지는 깊이에 빠지다

우리는 스윽 한번 둘러보는 수준인데 어떤 젊은이들은 작품 앞에 앉아서 작품을 오래 관찰하기도 하고 스케치를 하기도 한다. 그들의 여유가 부럽다.

한 작품 앞에서 발걸음을 멈춘다. 바다 한가운데 떠있는 떼목에서 멀리 지나가는 배에게 구조를 요청하고 있는 모습이다. 몇 사람은 죽어있고 죽은 자식을 부여잡고 고뇌하는 사람도 있다. 〈메두사의 떼목〉이다. 이 그림은 배가 침몰한 후 떼목을 타고 죽음과 굶주림 속에서 바다를 표류하다가 구조되는 선원들을 그린 작품이다.

1816년 세네갈 해상에서 파선한 프랑스의 메두사 호는 떼목에 사람들을 태위 바다로 내보낸다. 결국 선원과 승객 149명 중 15명이 기적적으로 살아남게 된다. 무자격 선장이 운행을 한 탓에 일어나게 된 이 사건은 사람들의 비상한 관심과 동정을 일으켰다.

화가인 제리코는 이 작품을 그리기 위해 파선된 몸체를 연구하고 실제로 목수를 시켜 뗏목을 만들게까지 했다. 또한 죽어가는 사람을 묘사하기 위해 병원에서 시체와 병자의 모습을 관찰하기도 했다고 한다.

그림은 흐린 하늘에 먹구름이 잔뜩 끼어있고, 돛을 단 배는 강풍과 높은 파도에 이리저리 흔들리고 있다. 제리코는 뗏목에 탄 사람들이 표류 끝에 구조를 받게 되는, 그 순간의 환희를 담으려 했다고 한다.

인간 실존의 처절한 모습이 담겨 있는 작품이다. 인간은 누구나 예외 없이 처절한 실존의 현장에 서있지 않은가. 어쨌든 나는 이 작품 하나로도 깊은 인상을 받았으므로 박물관 입장료가 아깝지 않다. 단 하나의 작품이라도 자신에게 깊이를 던져준다면 그것이 바로 본전 이상의 가치가 아니겠는가.

밀로의 비너스 앞에 사람들이 모여 있다. 앞에서 보면 멀쩡한 조각품이지만 뒤의 어깨 부분이 조금 손상되었다. 나폴레옹의 대관식 그림도 상당히 크다. 벽 한 면을 거의 차지하고 있을 정도다. 모나리자는 이정표만 따라가면 쉽게 발견할 수 있다.

속전속결로 작품을 감상하고 전시관 밖으로 나왔다. 어차피 한 번에 다 볼 수는 없는 법, 다음에 다시 파리에 오면 들러볼 수 있으

밀로의 비너스.

려나. 하지만 다음에 파리에 오면 루브르보다는 오르세 미술관으로 갈 것 같다. 한 가지, 5년 전에는 없던 한글 팜플렛이 생겼다. 역시 모국어가 편하다.

루브르 궁전의 마당으로 나오니 피라미드가 보인다. 이 유리 피라미드는 1981년 미테랑 대통령의 대 루브르 계획의 일환으로 만들어진 것으로 프랑스인이 아닌 중국계 미국인 이오밍 페이가 디자인했다. 세계 최고의 문화국민이라고 자부하는 프랑스에서는 이례적인 일이었다.

고색창연한 궁궐인 루브르 박물관과는 전혀 어울리지 않는 현대식 피라미드지만 파격과 조화라는 관점에서 볼 때 그럴싸해 보인다. 사실, 남들이 그렇다고 하니까 나도 모르게 그렇게 생각되는 것일 수도 있다. 이 피라미드는 루브르로 들어가는 흥미로운 출입구가 되었다. 피라미드 입구를 통해 내부로 들어가면 매표소가 있고 3개의 또 다른 출입구 슐리 관, 드농 관, 리슐리외 관이 있다. 어느 출입구로 들어갈지는 어느 시대의 미술품을 먼저 볼 것인가에 따라 달라진다.

파리, 어둠 속에서 더욱 빛나는 도시

20시. 전화가 왔다. 야경투어의 시작이다. 얼른 방문을 잠그고 길로 나서니 매끈한 차 한 대가 우리를 기다리고 있다. 차종을 보니 푸조 607이다. 국내에서는 '부드러운 주행과 귀족적인 스타일링을 뽐내는 엘레강스 세단'으로 광고되고 있는 차다. 프랑스 대통령의 의전차인 푸조 607을 타보게 되다니. 우리 가족 4명이 올라타니 자동차는 꽉 찬다. 여행을 준비하면서 파리를 연구한 요한이가 조수석에 앉고 나머지 세 가족이 뒤에 앉았다. 차가 부드럽게 미끄러져 나간다.

투어 하나. 포앵 제로를 밟다

노트르담 성당. 사실 '노트르담'은 고유명사가 아니다. 프랑스에서 각 도시에 있는 성당 중 제일 큰 성당을 지칭하는 말이 '노트르담'이다. 파리의 노트르담 성당은 성모 마리아에게 봉헌된 성당으로, 지어진 지 거의 천년이 되어가는 건물은 파리에서 이 성당 하나다[1163년부터 지어지기 시작해 170년의 공사를 거쳐서 완공됨]. 빅토르 위고의 〈노트르담의 꼽추〉로 잘 알려졌으며 나폴레옹의 대관식과 드골 장군이나 미테랑 전 대통령의 장례식이 거행된 곳이기도 하다.

성당 앞에 있는 포앵 제로(Point Zero)로 인도한다. 파리와 다른 도시와의 거리를 잴 때 기준점이 되는 곳이다. 이곳을 밟으면 파리에 다시 오게 된다는 속설이 있다고 해서 가족들이 다 여러 번씩 밟았다. 오고 또 오고, 또, 또 오고 또, 또, 또 오고.

투어 둘. 세느 강을 느끼다

소르본느 대학 지역을 통과하여 팡테옹을 지나던 차가 세느 강가에 잠시 멈췄다. 석양 무렵의 세느 강, 바토 무슈(Bateaux Mouches, 세느 강 유람선)가 유유히 지난다. 런던 템스 강 유람선이 떠올랐다. 판단 미스였다.

좁은 세느 강은 답답하리라 생각했지만 바로 옆에 있는 건물들을 오밀조밀 빠져 나가니 파리를 가까이에서 느낄 수 있었겠다 싶다. 솔직히 템스 강이 생각보다 넓어 런던을 보기에는 부적합했고 여행 첫날이라 시차적응이 안 되서 '유람'에 집중할 수가 없었다.

투어 셋. SHOW! 다음을 기약하다

차가 마레 지구를 통과한다. 곳곳에 남자 커플들이 둘러앉아 맥주를 마시며

Paris Tour

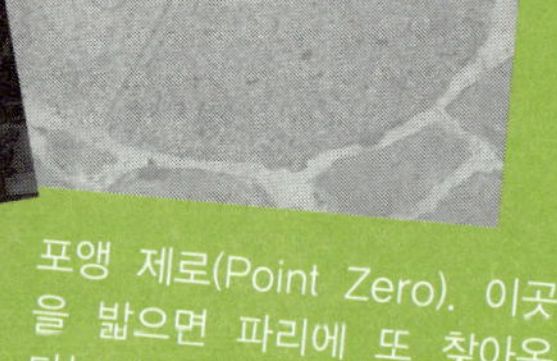

석양 무렵의 노트르담 성당. 노트르담 성당은 파리
에만 있는 것이 아니다.

포앵 제로(Point Zero). 이곳
을 밟으면 파리에 또 찾아온
다는 속설이 있다.

개선문을 정면으로 찍을 수 있는 곳은 횡단보도
한 가운데이다.

야간투어 차량 푸조 607.

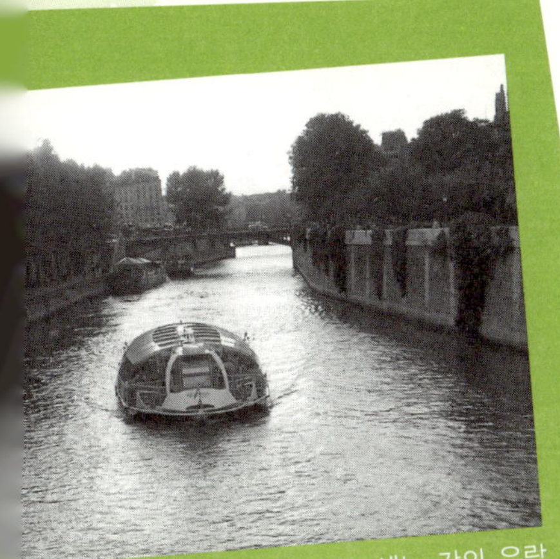

템스 강의 유람선보다는 세느 강의 유람
선이 더 매력적이다.

이런 모습의 세느 강을 보기는 쉽지가 않다.

사크그꿰르 성당. 이곳에서 역사적인 사건들이 많이 발생했다.

담화를 나누고 있다. 동성연애자들의 거리답다. 날씨가 선선하다. 우리가 여행을 떠나기 전에는 유럽에 폭염이 와 지난주는 기온이 40℃까지 올라갔었다고 한다. 지금은 정상기온을 되찾았다니 다행이 아닐 수 없다.

물랭루즈 지역. 쇼에 관심이 간다. 물랭루즈 쇼에는 프랑스 최고의 무희들이 등장하는데 보통 프리마돈나가 입은 의상 비용이 2억 정도라 한다. 나중을 생각하여 물랭루즈 쇼나 리도 쇼 중 어느 하나를 보게 된다면 어느 것을 선택하는 것이 좋은가 하고 여쭈었더니 리도 쇼를 추천하신다. 물랭루즈 쇼는 미국적인 요소가 많이 가미되었기에 순수 프랑스 쇼를 보려면 리도 쇼를 봐야 된다는 설명이다.

리도 쇼는 파리에서 가장 화려하고 장엄한 쇼를 보여준다. 현란한 무대장식과 다양한 특수효과 그리고 수준 높은 프로그램으로 프랑스의 자존심을 지켜가고 있다. 관람 비용은 보통 80유로에서 100유로 정도. 식사와 샴페인을 모두 제외한 순수 쇼 가격이다. 물랭루즈 쇼나 리도 쇼 모두 보통 중학생 이상이면 관람이 가능하다.

투어 넷. 파리가 빛난다

에펠탑의 조명 쇼 관람의 시간조절을 위해서 샤크그꿰르 사원을 먼저 올랐다. 파리 시내가 한눈에 내려다보이는 곳이다. 계단에서 흑인들이 공묘기를 선보이고 있다.

10시. 에펠탑의 레이저 쇼가 시작되었다. 에펠탑에서는 해가 진 뒤 새벽 1시까지 매 정각마다 10분 정도 현란한 조명 쇼를 선사한다. 사이요 궁 앞에서 보는 에펠탑의 야경도 장관인데 조명 쇼까지 보여주니 참 기분 좋은 밤이다. 가족이 모두 에펠탑의 야경을 보면서 '파리'를 실감했다. 독사진에 별 애착이 없던 요섭이까지 스스로 분위기를 잡으며 사진을 찍어달라고 한다. 역시 파리는 이름만으로도 사람을 들뜨게 한다.

개선문 앞 길가에 잠시 차를 세웠다. 개선문을 배경으로 사진을 찍으라는 아주머니의 배려다. 개선문을 배경으로 사진을 찍으려면 도로 한복판에 서서 사진을 찍어야 한다. 보행자 횡단보도에 파란 불이 들어온 순간을 포착해야 하는데 시간 맞추기가 꽤 까다롭다. 하지만 사진을 찍는 사이 신호가 바뀌어 중앙선 분리대 한복판에 서있어도 워낙 자주 있는 일이라 암묵적으로 양해가 된다. 우리 가족도 여유롭게 사진을 찍는다.

 # 우리는 '버사일'로 간다

6시 40분에 일어났다. 아내가 벌써 밥을 하고 있다. 밥 짓는 냄새가 황홀하다. 라면까지 끓였다. 김치, 무말랭이 무침, 연근조림. 주인 아주머니가 우리 가족을 위해 특별히 준비해주신 반찬들이 맛깔스럽다. 오랜만에 먹는 밥이 꿀맛이다. 가족끼리만 오붓하게 먹으니 더욱 별미다. 라면 국물에 밥까지 말아 말끔하게 비웠다. 잔반처리가 걱정되어 싹싹 비웠더니 배가 너무 부르다.

오늘 오전은 베르사이유 궁전이다. 프랑스에서는 '베르사이유'라고 하면 잘 모른다. '버사일'이라고 해야 통한다.

지도를 보니 강 건너에 RER 정거장이 있다. RER은 파리의 시내와 교외를 연결하는 교외전차 같은 것이다. 원래 유레일패스가 있으면 RER은 공짜로 탈 수 있다. 그런데 유레일패스를 소지했는데도 RER을 탈 때 요금을 따로 요구하는 경우를 당했다는 배낭여행객들의 소문이 심심치 않게 들린다. 유레일패스 소지자는 무료가 맞는데 유레일패스 회사에서 RER 직원들에게 그 사실을

베르사이유를 향해! 유레일패스가 있으면 베르사이유 궁전으로 가는 RER 기차는 무료다.

충분히 고지시켜 주지 못해 그런 일이 일어나는 것이다. RER 직원들은 본인들이 직접 전달을 받은 일이 없기 때문에 내용이 고지되어 있는 인쇄물을 보여주면서 항의를 해도 소용이 없다.

오르세 미술관 RER 정거장에 도착해보니 운영을 하지 않는다. 하는 수 없이 근처의 지하철을 타고 다른 RER 정거장으로 가기로 했다.

길을 가던 트럭 운전사에게 지하철역으로 가는 길을 물으니 프랑스어로 답변이 돌아온다. 길 저쪽에 버스가 지나가니 '부스, 부스' 하면서 오른편을 가리킨다. '버스가 지나가는 저쪽 사거리에서 오른쪽으로 가라' 는 의미 같다. 축구 선수가 동물적인 감각으로 공을 잡는다고 하더니 나는 요즘 여행적인 감각으로 사람들이 하는 말을 얼추 이해한다. 이것이 다 '경험의 힘' 이다.

지하철역이 나타났다. 안으로 들어가려 하는데 바바리 차림의 한 아줌마가 밖으로 나오고 있다. 인상이 우리나라의 법무부 장관을 지냈던 강금실 씨 같다. 아담한 키에 강단이 있어 보인다.

그 여자에게 '버사일' 을 물으니 다시 한 번 말해달라고 한다. 베르사이유 궁전의 사진을 보여주니 '아, 버사일' 하는데 '버' 에 악센트가 들어가 있다. 잠시 생각을 하더니 자기를 따라오라고 한다. 몇 분 걸었나, 엥발리드 역이 나온다. 역무원에게 유레일패스를 보여주면서 RER 표를 달라고 했다. '강금실 여사' 도 곁에서 거든다. 플랫폼까지 우리를 데려다 준 그녀의 수고와 친절이 고맙다.

세느 강을 따라가는 열차는 베르사이유까지 30분 정도 걸린다. 역에서 궁전까지는 길을 묻는 수고를 하지 않아도 된다. 내린 사람 모두가 그곳을 향하기 때문이다. 궁전에 도착하니 줄이 두 줄이다. A라인은 아주 길고 B라인은 비교적 짧다. B라인은 단체관람객을 위한 줄이다. 다시 한 번 국제교사증을 실험해보기로 했다. 'Free?' 하고 물으니 대답은 'No!'. 어른 1명 입장료가 13.5유로다. 물론 궁전의 정원까지 구경할 수 있는 요금이다.

베르사이유 궁전, 소소한 의문들이 꼬리를 물고

베르사이유 궁전은 원래 루이 13세가 지은 사냥용 별장이었으나, 1662년 무렵 루이 14세의 명령으로 거대한 정원을 착공하고 1668년 건물 전체를 증축하였다. 이 궁전에서 유명한 곳은 거울의 방이라는 곳과 마리 앙뜨와네뜨의 침실이다. 거울의 방은 길이가 73m에 이르는 방으로 여기에서 1783년 미국 독립혁명 후의 조약, 1871년 독일 제국의 선언, 1919년 1차 세계대전 후의 베르사이유 조약이 체결되었다.

프랑스식 정원의 걸작이라 불리는 정원은 루이 14세의 방에서 서쪽으로 뻗은 기본 축을 중심으로 꽃밭과 울타리, 분수 등이 있어 주위의 자연경관과 조화를 이룬다. 대운하 북쪽 끝에는 또 다른 두 개의 궁이 루이 왕조의 장려함과 섬세한 양식으로 세워져 있다. 베르사이유 궁전은 1979년 유네스코에서 세계문화유산으로 지정되었다.

베르사이유 궁전과 연관된 프랑스인들의 오만한 태도를 보여주는 일화가 하나 있다. 1850년 6월, 프랑스인인 뷰오 신부가 캄보디아에서 전령을 보냈다. 캄보디아 똔레삽 호수 근처에서 거대한 유적지를 발견했다는 내용이었다. 프랑스 정부는 이 소식을 간단히 무시해버렸다. 어떻게 캄보디아 같이 작은 나라에서 베르사이유 궁전보다 더 큰 사원을 만들 수 있느냐는 것이었다. 프랑스

정부는 뷰오 신부가 미쳤다고 했다. 열병에 걸려 헛소리를 한다는 핀잔도 받았다. 뷰오 신부는 몇 해 뒤 결국 숨을 거두고 말았다.

뷰오 신부의 말이 사실로 확인된 것은 그로부터 10년 뒤인 1861년이었다. 프랑스의 학자 앙리 무어가 캄보디아의 밀림을 탐험하다가 우연히 거대한 성곽을 발견했다. 문 앞에는 거대한 석상들이 서있었다. 입구에 들어서니 알 듯 말 듯한 신비로운 미소를 짓고 있는 부처상들이 보였다. 무엇보다도 놀라운 것은 거대한 규모였다. 사원 너머에 또 사원이 있고 여기저기 사원이 흩어져 있었다. 누가 이런 사원을 만들었을까. 어떻게 이런 사원이 수백 년 동안 감쪽같이 역사 속으로 사라진 것일까. 바로 이 사원이 캄보디아의 유명한 앙코르와트다.

거울의 방은 수리중이었다. 조금 구경을 하다가 작은 터널 같은 곳으로 들어가면 금방 다른 장소가 나온다. 여기저기 구경을 하고 있는데 루브르 박물관에서 보았던 〈나폴레옹의 대관식〉이 이곳에도 걸려 있는 것을 발견했다. 작은 작품이면 흔히 비슷하게 그린 작품이구나 하고 넘어갔겠지만 워낙 큰 작품이라 분명히 기억에 남아있다. 분명히 그 작품이다. 나중에 알고 보니 루브르 박물관에 있는 것이 진품이고 베르사이유 궁전에 있는 작품은 모조품이라 한다.

왕비의 침실을 둘러보니 참으로 화려하다. 문득 이 방은 겨울에 어떻게 난방을 하였을까 궁금해진다. 전기도 아직 들어오지 않던 때이고 방안에서 불을 땔 만한 기구도 보이지 않는다. 왕비는 추우면 침대에서 이불이라도 뒤집어쓰고 있다 치지만 그 옆에서 시중을 드는 하인들은 어떻게 추운 겨울을 넘겼을까. 물론 파리의 겨울은 우리나라의 겨울처럼 그리 혹독하지는 않다 하더라도 참 힘든 시간들이었을 것이다. 현재의 발전된 기술이, 그것을 누릴 수 있는 자유가 새삼 고맙다.

역시 베르사이유 궁전 안에는 화장실이 없다. 관광객을 위한 화장실 역시 궁전 입구에 있었던 화장실이 전부인 것 같다.

진짜 이 궁전에 사람들이 살았을 때는 배설물을 어떻게 처리했을까. 루이 14세는 각 지방의 영주들을 불러 궁전 안에서 살게 했으니 당시 약 5천명이 이곳에서 함께 살았다. 그들은 사람들의 눈을 피해 건물 구석의 벽이나 바닥 또는 정원의 풀숲이나 나무 밑을 이용했다고 한다. 베르사이유 궁전에서는 하루도 거르지 않고 밤마다 무도회가 열렸으니 정원 곳곳이 끊임없이 화장실로 사용됐을 것이다.

사실 루이 14세가 이 궁전으로 옮긴 이유도 루브르 궁전이 오물로 뒤덮여 더 이상 살수 없었기 때문이라고 한다. 프랑스에서 향수가 발달한 것이 여기 베르사이유 궁전 때문이라는 이야기도 있다.

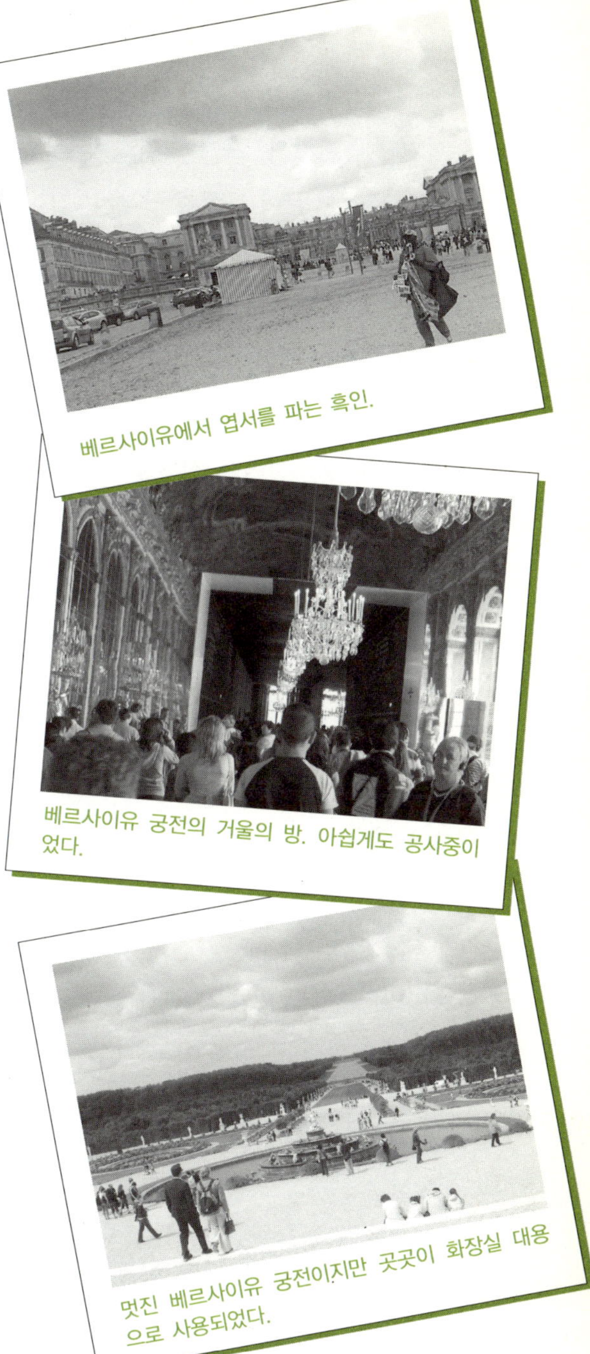

베르사이유에서 엽서를 파는 흑인.

베르사이유 궁전의 거울의 방. 아쉽게도 공사중이었다.

멋진 베르사이유 궁전이지만 곳곳이 화장실 대용으로 사용되었다.

베르사이유 정원, 자전거 타는 풍경

정원으로 나갔다. 프랑스 최고의 조경사 르 노트르가 설계했다는 정원이다. 상당히 넓어서 끝이 보이지 않는다. 걸어서 구경하기엔 무리다. 그렇다고 정원 감상용 자동차를 타고 다니는 것은 너무 단조로울 것 같다[1대에 4인 탑승]. 현실적으로 가장 재미있고 박진감 넘치게 정원을 둘러보는 방법은 자전거! 정원 입구에서 쭉 직진하다 보면 오른편에 자전거를 대여해주는 곳이 있다. 1시간에 6유로, 30분에 4유로다.

요한이는 베르사이유 정원을 자전거로 돈다는 계획을 들은 직후 바로 자전거를 배우기 시작하더니 금세 타는 법을 익혔다. 요섭이는 중학교 2학년 때 학급별로 소풍으로 간 춘천 중도에서 자전거를 배웠고 우리 부부 역시 중학교 때부터 탔기 때문에 온 가족 자전거 로드는 문제없었다. 그런데 막상 자전거를 빌리려고 하니 아내가 자신이 없다 해서 우리 삼부자만 자전거를 빌렸다.

자전거를 타고 달린다. 세 명의 부자가 파리의 궁전 뒤뜰을 미소 지으며 달리고 있다. 높이 자란 나무들이 쑥쑥 뒤로 가고 곧게 뻗어있는 길들이 더욱 넓게 보인다. 몇 번을 달려 나갔다가 다시 아내 있는 곳으로 돌아오곤 했다. 아내와 함께 달리고 싶어 아내를 자전거에 태웠다. 뒤에서 잡아줄 테니 저기까지만 잠깐 가보자고. 급조된 자전거 강의가 효력을 발휘한다. 아내도 소싯적에 배웠던 기술이 다시 나오기 시작했다.

한 대 더 빌렸다. 이제 가족 모두가 자전거를 타고 달린다. 숲 쪽으로 쭉 달

려갔다가 방향을 틀어 운하 옆으로 달려간다. 달리다가 본 한국 사람들이 우리 가족을 부러워한다. 사실 내가 봐도 부러울 것 같다.

한 시간 정도 자전거를 타고 반납했다.

# 완전 정복, 보베 공항 가는 길

1호선 지하철을 탔다. 이제 남은 일정은 비행기를 타고 노르웨이로 가는 것이다. 비행기를 타려면 파리의 보베 공항으로 가야 한다. 여행안내서에는 파리의 공항 3개 중 샤를 드골 공항과 오를리 공항은 나와 있지만 보베 공항은 안 나와 있다. 공항 가는 길이 만만치 않을 것 같다.

파리에서 보베 공항을 가려면 지하철 1호선을 타고 포르 마이요 역에서 내린 후 라파이에트 호텔 앞 승강장에서 셔틀버스를 타고 가야 한다. 인터넷 여행 모임을 뒤져가면서 열심히 찾은 정보다.

셔틀버스의 출발은 비행기 출발 3시간 반 전이라는데 사실 막연하다. 비행기 출발 3시간 반 전이라니. 어느 비행기가 기준인가. 만약에 버스를 타려는 사람이 많으면 늦게 타는 사람은 공항까지 서서 가야 하는가. 아니면 버스가 승객의 수에 맞추어 계속 공급되는가. 자잘한 의문점들이

보베 공항으로 가는 셔틀버스. 공항 가는 길은 긴 기다림의 연속이다.

자꾸 솟구치니 답답하다. 우리나라 여행객들은 아직 유럽 저가항공을 많이 이용하지 않는 편이라 정보 찾기가 쉽지 않다.

포르 마이요 역에서 내려 밖으로 나왔다. 무슨 작은 공원이다. 건너편에 큰 건물이 라파이에트 호텔 같다. 길을 건너야 하는데 횡단보도가 보이지 않는다. 난감하다. 짐 들고 차들 사이를 무단횡단할 수도 없고.

다시 지하철 역사로 들어갔다. 대략 방향을 잡아 가보니 무슨 지하 통로 같은 것이 보이고 어찌어찌해서 호텔 쪽으로 올라갈 수 있었다. 호텔은 참 크다. 상당히 고급 호텔 같다. 호텔 바로 앞에 셔틀버스 승강장이 있다. 참으로 쉽게 찾았다 싶었는데 보베 공항 가는 것이 아닌 샤를 드골 공항으로 가는 승강장이다. 그러면 그렇지. 호텔 직원에게 물어보니 건너편에 있다고 돌아가라고 한다.

식구들이 짐을 들고 호텔을 돌아서 반대편에 가보니 버스 승강장이 보이지 않는다. 하다못해 무슨 작은 표지판도 없다. 길 건너에 보니 큰 공터가 있고 버스가 몇 대 주차되어 있다. 아무래도 그쪽 같다. 얼른 길을 건너가보니 여행객들이 나무 밑에 앉아서 쉬고 있다. 물어보니 맞다.

기다리는 사람들의 수가 꽤 된다. 버스는 있는데 승차는 아직 안 된다. 혹시나 버스에 타지 못하는 일이 생기거나, 버스에 타서도 자리에 앉지 못하고 서서 가는 사태가 발생할까봐 짐을 버스 문 바로 옆에 모아두었다. 한 시간 반 정도 걸려 여기에서 70km 정도 떨어진 보베라는 소도시로 가야 한다. 사람들은 많이 몰리는데 동양인은 우리밖에 없다. 기다리는 시간은 언제나 지루하다.

5시 40분이 되니 정차해 있던 십여 대의 버스가 일제히 행선지를 적은 판을 버스 유리창에 부착해 놓는다. 행선지가 로마, 예테보리, 스톡홀름, 베르겐 등 다양하다. 말하자면 베르겐으로 가는 비행기를 보베 공항에서 탈 사람은 이 버스를 타라는 뜻이다. 그런데 버스들의 목적지가 모두 보베 공항인데 왜 행선지

아직도 최악의 국제공항이라 평가받는 보베 공항. 대부분의 저가항공사들이 이곳을 이용한다.

를 붙여 놓았을까 싶다. 생각해 보니 비행기 출발시간 같다. 출발시간이 이른 비행기가 가는 행선지를 부착한 버스부터 차례로 출발하는 것 같다. 아마도 파리의 퇴근시간 교통 사정을 감안한 결과겠지.

우리 가족은 민첩하게 움직여서 베르겐 표지를 붙인 버스에 올라탔다. 자리도 비교적 앞쪽으로 두 명씩 앞뒤로 앉게 되었다. 배낭을 짐칸에 넣지 않고 불편하더라도 그냥 가지고 탔기 때문에 좋은 자리를 잡을 수 있었다.

사람들이 우리 뒤로 계속 올라와서 자리가 꽉 찼는데도 여전히 사람들이 올라온다. 셔틀버스는 손님들을 서서 가게 하지 않는데 과연 저 사람들의 운명이 어찌되려나. 아니나 다를까 기사가 서있는 사람들을 다 내리라고 한다.

비어있는 버스에 새로운 행선지판을 하나 걸었다. 베르겐과 스톡홀름 두 개가 적혀 있다. 내린 사람들이 모두 그 버스로 간다. 그러면 그렇지. 기사가 올라타고 요금을 받는다. 1인당 13유로.

우리가 탄 차가 1등으로 출발한다. 어쨌든 제일 먼저 출발하니 기분은 좋다. 버스가 파리의 한복판을 달린다. 퇴근시간의 파리의 풍경을 보다 잠이 들었다. 눈을 떠보니 파리 시가지는 완전히 벗어나 있다. 시간을 보니 공항에 가까이 온 것 같은데 공항청사 같은 건물은 보이지 않는다. 버스가 정차했다.

청사는 단조로운 1층 건물이다. 보베 공항은 전 세계의 국제선 공항 중 가장 낮은 평가를 받았었다. 그 뒤로 조금 시설을 개선했다고는 하지만 아직도 사람들은 기차역 수준이라는 평가다.

청사에 들어서니 이 공항에서 출발하는 항공사의 로고들이 적혀 있다. 우리가 타고 갈 비행기는 노르웨이안 항공이다. 저번에 런던에서 로마로 갈 때는 워낙 시간이 촉박해서 정신이 없었는데 오늘은 비교적 여유 있게 탑승권을 받고 짐을 부쳤다. 역시 비행기 내 좌석은 정해지지 않았다.

청사에 있는 식당에서 식사를 하였다. 피자 한 쪽과 샐러드, 긴 샌드위치 빵 2개, 그리고 주스 한 병이다. 샌드위치 빵에는 야채와 토마토, 쇠고기 얇게 썬 것이 담겨 있다. 언뜻 날고기 같아 보였지만 그냥 먹었다. 피자는 완전히 타서 검다. 평소라면 검게 탄 부분을 발라내며 먹으련만 지금은 그것도 귀찮다.

줄을 섰다. 줄이 쉽게 줄어들지 않는다. 누군가가 앞에서 '베르겐' 하고 소리친다. 얼른 달려가보니 베르겐으로 가는 사람들은 빨리 들어오라고 한다. 역시 귀가 보배다. 이 말, 못 들었으면 어쩔 뻔 했나.

보안수속을 밟고 탑승장 안으로 들어

TIP 파리 보베 공항(BVA)을 통해 갈 수 있는 유럽의 도시들

Blue Air
루마니아: 부쿠레슈티
Norwegian
노르웨이: 베르겐, 오슬로
Sterling.dr
덴 마 크: 코펜하겐
핀 란 드: 헬싱키
노르웨이: 오슬로
RYAN AIR
영　　국: 글래스고우
스 페 인: 바르셀로나
아일랜드: 더블린
이탈리아: 밀라노, 로마, 베니스
스 웨 덴: 스톡홀름

가니 탑승 게이트가 하나밖에 없다. 탑승장은 전체적으로 동그랗게 생겼는데 유리로 활주로가 다 보인다. 비행기 출발시간을 10분 정도 남기고 비행기가 들어온다. 앞부분이 빨갛게 칠해져 있고 가운데 부분은 흰색이고 뒷날개 부분에는 어떤 사람의 얼굴 모습이 그려져 있는데 느낌이 아문센의 초상화 같다. 노르웨이 사람인 아문센은 인류 사상 최초로 남극점에 도달한 인물이다.

비행기 출발시간이 지났는데도 한 사람도 들여보내주지 않는다. 베르겐 도착 예정시간이 밤 11시가 넘기 때문에 마음이 급한데 비행기 출발까지 늦어지고 있으니 답답하다. 드디어 입장이 시작되었다.

구름의 바다가 이어진다. 하늘에서 보는 구름의 풍경은 참 재미있다. 노을이 지면서 비행기 안으로 붉은 빛이 쏟아져 들어오고 이제 유럽 대륙을 떠난다는 아쉬움과 한 번도 가보지 않은 미지의 땅으로 떠난다는 설레임이 겹쳐진다.

프랑스에서의 비용 594,869원		〈단위: 유럽 유로〉
점심 식사	16.40(20,943원)	까르네 11(14,047원)
루브르 박물관 입장료	17(21,709원)	저녁 식사 45(57,465원)
물	0.9(1,149원)	엽서 1(1,277원)
숙박비 및 야경투어	335,000원	베르사이유 입장료 27(34,479원)
점심 식사	15.2(19,155원)	보베 공항 셔틀버스 52(66,404원)
저녁 식사	18.2(23,241원)	

유럽의 고속철, 그 세 번째 경험
프랑스의 TGV

Train a Grand Vitesse
스위스 베른에서 프랑스 파리까지

TGV는 일본의 신칸센에 이은 세계 두 번째의 고속철이다. 1981년 첫 개통이후 더욱 개발이 가속화되어 나온 TGV 듀플렉스의 설계속도는 270~320㎞/h, 최고속도는 250~300㎞/h이다.

현재 TGV는 유럽의 국제고속철도 전 구간을 달리고 있다. 파리와 런던, 런던과 브뤼셀을 오가는 유로스타나 파리와 암스테르담을 오가는 탈리스도 TGV의 사촌 격이다.

유로스타는 TGV가 운영에 참여하고 있고, 탈리스는 TGV의 자회사가 참여하고 있다. 여기에 TGV는 스페인과 이탈리아에도 고속철도를 공급했다. 일본의 신칸센이나 독일의 ICE가 자기 나라에만 대응되는 시스템을 유지하고 있던 시기, TGV는 특별히 맞춤 제작되지 않은 선로에서도 달릴 수 있었다.

속도로 승부하는 TGV로 인해 파리-브뤼셀, 파리-마르세유 노선의 항공편이 폐지되었다.

NORWAY

# 살인적인 물가의 나라 노르웨이

창밖으로 육지의 불빛이 보인다. 베르겐이다. 비행기는 사뿐히 땅에 내려 앉았다. 공항청사로 들어갔다. 짐을 찾아 나오는데 입국수속이고 뭐고 하나도 없다. 아마도 파리에서 보딩 패스를 받을 때 이미 모든 수속이 전산처리되었나보다.

베르겐 공항 청사는 무척 멋있다. 청사 밖으로 나서니 베르겐 시내로 들어가는 셔틀버스가 대기하고 있다. 우리가 호텔을 잡을 때 제일 기준으로 공항과의 거리를 고려했다. 도착 시간이 밤 11시가 넘기 때문에 호텔까지의 택시비를 아끼려는 계획이었다. 노르웨이의 물가를 생각할 때 당연한 결정이지만 여기에서 셔틀버스를 보니 괜히 공항 가까이로 했나 싶은 마음도 든다.

우리가 오늘 숙박할 호텔은 베르겐에 있는 호텔 중에서 제일 저렴한 호텔이었다. 아이러니하게도 우리가 한국에서 예약한 5개의 호텔 중에서는 제일 비싼 호텔이지만 말이다. 292,900원. 이 정도면 노르웨이의 살인적인 물가를 짐작할 수 있지 않은가.

노르웨이는 인간개발지수에서 세계 1위를 차지하고 있는 나라다. 26위를 차지하고 있는 한국보다 상당히 뛰어나다. 부패인식지수는 8위고, 기업하기 좋은 나라 순위에도 9위에 올라있다. 노벨 경제학상 수상자를 3명이나 배출한 노르웨이 역시 저력 있는 나라다.

택시를 잡았다. 택시는 청사 앞에 대기해 있었다. 한밤의 적막 속을 달려간다. 호텔은 큰길에서 약간 들어간 곳에 있었다. 호텔 소개에 공항에서부터 3km 정도 떨어져 있다고 했는데 요금이 147크로네가 나왔다[1크로네는 우리나라 돈으로 150원 정도]. 출발하자마자 85크로네부터 시작하더니 가면서 오르는 속도가 장난 아니다. 기사에게 150크로네를 주었다. 2만원이 조금 넘는 금액이다.

우리나라에서 택시를 타고 3km를 가면 신호를 받는 것까지 감안해도 4천원 정도라고 할 때 정말로 노르웨이의 물가는 '억' 소리가 난다.

호텔이 크고 멋있다. 언뜻 봐도 고급스러운 호텔 같다. 문을 열고 들어서니 사람들의 노랫소리가 들린다. 저쪽 어느 방에서 나는 소리인가. 이미 자정이 다 되었는데도 사라질 줄 모르는 그들의 흥겨움과 체력이 부럽다.

베르겐 외곽의 그리그 호텔.

그리그 호텔의 라운지는 참 아름답다.

Quality Hotel Edvan Grieg, 그냥 간단히 그리그 호텔이라 부른다.

그리그는 사람 이름으로 베르겐에서 태어난 작곡가이며 피아니스트다. 민족 음악의 선율과 리듬을 도입한 그의 작품 속에는 민족적 색채가 짙게 배어 있어 오늘날 노르웨이 음악의 대표적인 존재가 되었다. 독일의 노르웨이 침공 당시, 그의 전쟁 시와 연설은 노르웨이를 이끈 선봉의 목소리가 되었다. 베를린 연합

폭격작전 중 전사한 노르웨이의 전쟁영웅이기도 하다.

　다행히 트윈 룸으로 주문된 두 개의 방이 나란히 붙어있다. 문을 열고 들어서니 객실이 넓다. 침대 위의 담요가 추운 지방에 위치한 호텔답게 어둡고 짙은 색이다. 상당히 포근해 보인다. 침대 위에는 액자가 하나 걸려 있다. 그림의 내용은 사람들이 흥겹게 모여서 파티를 열고 있는 광경인데 어디서 본 듯한 그림이다.

　침대가 있는 방 옆에 딸린 거실에는 소파와 텔레비전이 있다. 두 사람이 숙박했을 때, 한 사람은 자고 한 사람은 텔레비전을 보거나 작업을 한다면 서로가 방해를 받지 않을 수 있도록 한 배려다. 화장실도 넓고 전체적으로 마음에 든다.

　한 가지 문제를 발견했다. 방 하나가 금연방이 아니다. 들어서니 담배 냄새가 팍 풍겨오는 것이 역겹다. 내려가서 금연실을 요청하니 더 이상 방이 없다고 한다. 하는 수 없이 금연방은 아내와 요한이가 자고 담배 냄새가 나는 방은 나와 요섭이가 자게 되었다.

 상황이 안 바뀌면 마음을 바꾸어야 한다

　7시 정각에 'Wake up call'이 울렸다.

　1층에 있는 식당에 내려갔더니 어지간한 호텔 뷔페보다 수준이 높다. 많은 종류의 시리얼부터 시작하여 다양한 과일, 샐러드, 빵, 햄, 그리고 바다에 인접해 있는 국가 노르웨이답게 생선 요리도 있다. 한국에서 먹는 황석어젓과 닮은 요리도 눈에 띈다. 생선 요리도 대충 우리 입맛에 맞고 젓갈 비슷한 것은 우

리나라 젓갈과 맛도 비슷
하다. 따뜻한 음식은 식지
말라고 큰 그릇에 담아 뚜
껑을 덮어놓았다. 전체적인
분위기도 좋고 인테리어도
잘 되어 있다. 역시 수준 높
은 호텔은 식사에서도 차이가
난다. 만족도 최고다.

그런데 한 구석에 젊은 서양
인 부부와 어린 동양인 아이가
같이 앉아서 밥을 먹고 있다. 피부색이 우리와 같다. 입양된 한국 아이인가.
그 아이가 우리 가족을 쳐다보고 있는데 눈에 슬픔이 담겨 있는 듯 느낀 건 내
착각이었을까. 이런 호텔에 숙박하며 여행을 시켜줄 정도로 좋은 양부모를 만
난 것은 행운이지만 입양아들이 한 번씩은 다 겪는다는 정체성 문제를 생각하
니 그 아이가 자꾸 눈에 밟힌다.

카운터에 가서 베르겐 시내로 들어가는 버스 시간표를 받았다. 그런데 생
각만큼 버스가 그리 많지 않다. 9시 56분 버스가 적당할 것 같다. 그 전에도
버스는 있었지만 식당에서 너무 분위기 잡고 느긋하게 먹었기 때문에 지금
올라가서 준비해 뛰어나가도 탈 수가 없다. 짐을 쌌다. 어젯밤 피곤을 무릅쓰
고 해놓은 빨래 몇 개가 채 마르지 않아 방에 준비되어 있는 드라이어로 해결
했다.

호텔에서 나와 큰길로 나가는 길로 들어서니 그런대로 운치가 있다. 어차피
버스 시간은 멀었고 천천히 걸었다. 노르웨이 농가를 지난다. 뜰에는 덤블링도

있고 평화스러운 모습이다.

큰길이다. 시내로 나가는 버스 정류장은 육교를 건너 길 저편으로 가야 한다. 해가 얼굴을 내밀어 날씨가 좋다. 마땅히 피할 그늘이 없어 그냥 서있는데도 그렇게 덥게 느껴지지 않는다.

시간표에는 버스의 베르겐 역 도착이 10시 25분으로 나와 있다. 우리가 타야 할 뮈르달로 가는 열차는 10시 28분 출발이다. 버스가 정시에 도착해준다고 해도 남은 시간은 3분밖에 없는데 과연 3분 안에 열차 탑승이 가능할까. 버스는 5분 늦게 왔다. 'Train Station' 하고 외치니 4명 요금으로 76크로네를 받는다. 생각보다 싸다. 요한이는 어린이 요금을 받았을까.

산기슭에 그림 같은 마을들이 전개되고 있다. 정형화된 스위스의 마을과는 또 다른 풍경이다. 어느 누구는 스위스보다 노르웨이의 경치가 더 좋다더니 일리가 있다. 노르웨이의 경치 역시 참 아름답다. 붉은 지붕들이 많아 푸른 자연과 잘 조화되고 있다.

버스는 베르겐 역에 10시 34분에 도착했다. 얼른 플랫폼에 뛰어들어갔는데 텅 비어있다. 버스와는 달리 시간을 정확히 지키는 노르웨이 기차는 이미 출발해버렸다. 어찌해야 하나. 오늘은 베르겐에서 기차를 타고 뮈르달로 가서 플롬 선 열차로 플롬까지 갈 예정이었다. 플롬에서 배를 타면 드디어 피오르드 관광이 시작되는 것이다. 배의 종점인 구드방겐에서 버스를 타고 보스로 올라와 예약해 놓은 보스의 유스호스텔에 무사히 안착하면 오늘 일정은 끝이다. 그런데 이 피오르드 관광 일정이 어긋나버린 것이다.

다음 열차는 오후에나 있다. 일단 플랫폼 벤치에 앉아 잠깐 생각을 정리했다. 북유럽이니 해가 길어 오후에라도 피오르드 관광을 할 수 있을지 모른다는 희망적인 생각이 들었다. 그러나 관광안내소에 문의해본 결과 오늘 안에 피오르드 관광을 하려면 10시 28분 기차를 탔어야 했다는 대답. 오늘의 피오르드 관광은 무산되었다.

우울해지려는 맘을 고쳐 먹는다. 일정에 없던 베르겐 시내 관광을 하고 피오르드 관광을 내일로 미루기로 한다. 관광 안내소에 가서 피오르드 관광을 위한 여러 교통수단들의 패키지를 미리 끊어 두었다.

 가족이 있어 더욱 행복한 여행

베르겐 시내를 관광하려면 베르겐 카드를 구입하는 것이 경제적이다. 여러 관광시설과 박물관, 레저 시설과 주차시설 등을 저렴하게 이용할 수 있기 때문이다. 그러나 우리는 일정에 없던 시내 관광인지라 그냥 가벼운 마음으로 다니기로 했다. 튼튼한 두 다리를 적극 활용하면서.

베르겐은 대서양 연안의 작은 만에 위치한 항만도시로 노르웨이의 가장 중요한 어항(漁港)이기도 하다. 베르겐은 작은 도시가 아니다. 시가지는 바다에 인접해 있고 바다 사이로 만이 하나 뻗어있는 가운데 그곳에 건물들이 가득 들어차 있다. 특히 브뤼겐 지역은 1980년에 유네스코 세계문화유산으로 지정될 만큼 아름답다. 대부분이 목조건물들이라 여러 차례 화재를 입었지만 최근 조사방법을 통하여 12~18세기의 건축 흔적을 명확히 밝혀 58채를 복원했다. 이 거리는 건축 박물관이라고 할 수 있는 이 지역의 중심이 되어 특별보호를 받고 있다.

베르겐은 바다에 접해 있기 때문에 일 년에 200일 이상 비가 오는 곳이지만 오늘은 날씨가 너무나 쾌청하다. 파란 하늘에 북구의 햇볕이 쏟아져 내려오고 있다. 아름답기로 유명하다는 브뤼겐으로 향했다.

바다가 보인다. 파란 하늘 밑에 파란 바다가 펼쳐져 있다. 그냥 거리를 다니기에는 햇살이 너무 강해서 선글라스를 꺼냈다. 파란 바다 위의 하얀 요트들, 햇살에 반짝이며 다른 듯 어울리니 풍경이 더욱 선명하게 살아난다. 이런 요트를 몰고 바다로 나가서 한가롭게 노닐면서 석양 무렵 떨어지는 해가 만들어내는 기막힌 경치를 배경으로 유럽의 하루를 만끽하면 얼마나 좋을까.

브뤼겐이다. 건물의 1층은 거의 다 가게다. 주로 노르웨이의 기념품을 판매하고 있다. 털실로 짠 제품들이 많고 열쇠고리도 다수 있다. 노르웨이에서는 물가가 비싸서 선물이나 기념품 등은 전혀 살 생각을 하지 않았는데 잘 찾아보면 적당한 가격에 살 수 있는 기념품들이 눈에 띈다. 열쇠고리가 디자인도 꽤 괜찮고 가격도 적당하여 몇 개 구입했다. 살금살금 이곳에서 푼돈들이 새어나가고 있다.

행복 둘. 어시장, 풍족함을 누리다

점심 시간이 되어 어시장으로 갔다. 브뤼겐 바로 앞이 어시장이다. 어시장에는 노르웨이 바다에서 잡은 여러 가지 해산물들이 주를 이룬다. 해산물 외에도 꽃, 과일, 털옷, 장갑, 수공예품, 장신구 등도 간혹 눈에 띈다.

스칸디나비아 반도에서 넘쳐난다는 캐비어(철갑상어 알)는 통조림의 형태로 팔리고 있고 삶은 새우, 게, 연어, 연어 살과 새우 살로 채워놓은 샌드위치들이 한가득이다. 바구니 가득 담아놓고 파는 딸기가 해산물들 사이에서 유독 눈에 띈다.

본격적으로 장을 보기 시작했다. 새우가 0.5kg에 75크로네 정도다. 건장한 청년에게 삶은 새우 1kg, 게 다리 0.5kg, 그리고 새우 샌드위치 한 개를 구입했다. 다 합쳐서 가격은 300크로네, 우리나라 돈으로 4만 5천원이 조금 못 되는 가격이다. 노르웨이의 비싼 물가를 생각하면 우리의 한 끼 식사 예산을 초과하지 않는다는 것만도 다행이다. 망설임 없이 새우 한 번 실컷 먹어보자는 마음으로 구입했다.

베르겐 여행자 안내센터 건물 계단에 걸터앉아 식사를 시작했다. 시장이 반찬이라고, 새우가 처음에는 맛있더니 점차 배가 불러오며 막 삶아낸 새우의 따끈함이 아쉬워진다. 이곳 새우는 상하지 말라고 얼음 위에 두던 것이라 차갑다. 디저트로 딸기를 사먹었다.

행복 셋. 플뢰옌 산에서의 여유

오후 시간은 플뢰옌 산에 오르기로 했다. 브뤼겐 근방에 있는 케이블카 탑승장에 갔다. 케이블카라고 해서 공중에 케이블 선 하나 걸쳐 놓고 대롱대롱 매달려 올라가는 줄 알았더니 이탈리아의 푸니쿨라와 비슷하다. 어쨌든 멋있다. 북유럽의 교통기관들은 다 세련되고 색채의 배열이 잘 되어 있다. 내려올 때는 하이킹 삼아 천천히 걸어 내려오기로 하고 올라가는 편도 표만 구입했다. 편도 요금은 어른 1인당 35크로네, 어린이는 절반 값인 18크로네다. '2명 어른', '2명 어린이'로 106크로네.

유럽에서는 우리나라와 인원수를 말하는 방식이 다르다. 우리나라는 '어른 2명, 어린이 2명'이라는 표현이 일반화되어 있지만 유럽에서는 인원수를 먼저 말한다. 예를 들면 'Two adults, two children', 이런 식이다. 처음에는 우리도 'Adult two, child two'라고 말해 몇 번을 다시 말해야 했는데 이제는 유럽식에 적응되었다.

케이블카의 뒤쪽에 앉으려고 하니 직원이 통제하여 앉지 못하게 한다. 그 곳은 유모차를 가져온 사람들이 앉는 자리라고 한다. 플뢰옌 산 정상에 오르니 베르겐 시가지가 한눈에 보인다.

옆으로 한 무리의 한국 사람들이 오기에 말을 붙여 보니 북유럽과 모스크바로 패키지 여행을 온 사람들이다. 살짝 물어본 여행경비는 8박 9일에 1인당 420만원 정도. 우리 가족은 네 명이 16박 17일의 일정에 중부유럽, 북유럽을 돌았고 실제로 든 예산은 1,300만원 정도였다. 상당히 경제적인 여행이다. 물론 여행의 편리성과 먹는 음식의 수준은 패키지를 따라갈 수 없어 단순비교 자체가 어불성설이긴 하지만 왠지 흡족한 기분이다.

플뢰옌 산 정상에서 화장실을 이용했다. 1인당 이용요금이 5크로네인데 단지 5크로네짜리 동전만 이용할 수 있다. 매번 겪는 일이긴 하지만 정말 유럽

트롤, 노르웨이 동화 속의 요정.

에서는 화장실 한 번 가는 것이 일이다. 어지간한 건물 1층에 들어가면 화장실이 있고 파출소에 들어가서도 쉽게 화장실을 이용할 수 있는 우리나라가 그리워진다.

이곳에서 로프웨이를 타고 10분 정도 올라가면 울리켄 산에 오를 수 있으나 더 이상 올라가지는 않기로 했다. 여기만 해도 베르겐이 한눈에 보이는데 시간이며 돈 버려 가며 더 올라가서 무엇하랴.

행복 넷. 산길 따라 대화는 이어지고

산을 내려간다. 다른 사람들은 다들 케이블카를 타고 내려가는지 산길에는 우리밖에 없다. 아내와 요한이의 빨간 옷과 요섭이의 하얀 옷이 푸른 숲과 어우러지며 한 폭의 수채화를 보는 것 같다. 내려가다 보니 그늘로 덮인 울창한 길이 나오는데 그 길로 들어서니 어둡다. 얼마 안 되는 봄부터 가을까지의 짧은 기간에 이러한 푸른 숲을 만들어내는 자연의 힘이 새삼 놀랍다.

끊임없이 이어지는 산길처럼 우리 가족들의 대화도 이어진다. 평소 시간에 쫓겨 잘 나누지 못했던 이야기들이 이번 여행에서는 마구 넘쳐난다. 이것은 이번 여행에서 얻은 값진 소득 중 하나다. 가족 간의 친밀함을 더욱 쌓아가는 것. 가족 간의 신뢰를 더욱 단단하게 하는 것.

세계를 보는 생각의 지평을 넓혀 주고 확실한 세계관의 정립과 삶의 자신감을 길러준다고, 사람들은 여행의 의의를 말한다. 물론, 맞는 말이다. 중요하다는 청소년기에 우리 아이들에게도 그 귀한 기회를 주고 싶어 행한 여행이었으니까. 가족과 함께한 우리의 여행은 여기서 한 걸음 더 나아간다. 가족이라는 공동체 속에서의 나, 그리고 나에게 있어서의 가족을 진지하게 들여다 볼 수 있게 해준다.

Happy Bryggen

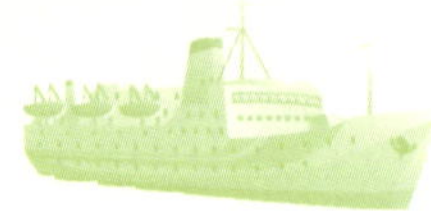

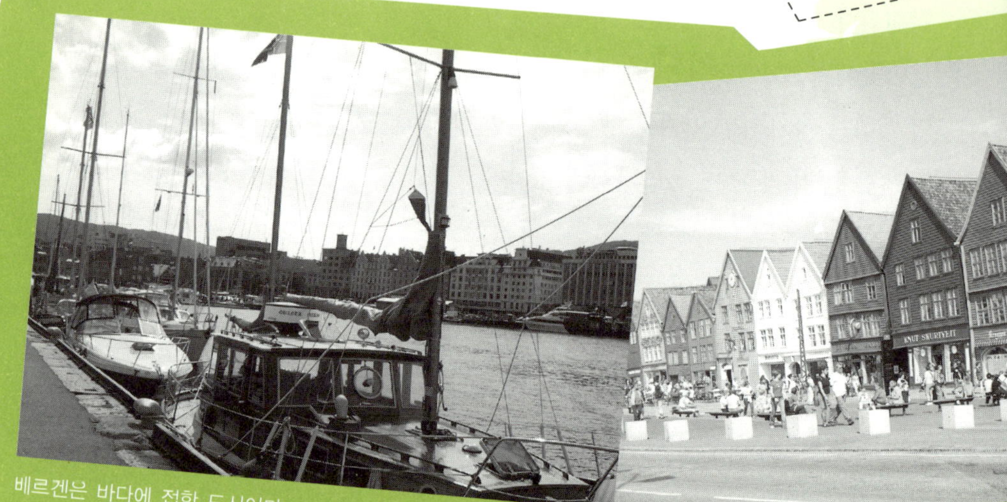

베르겐은 바다에 접한 도시이다. 그림같은 요트도 많다.

브뤼겐 지역은 그 자체가 하나의 도시 박물관이다.

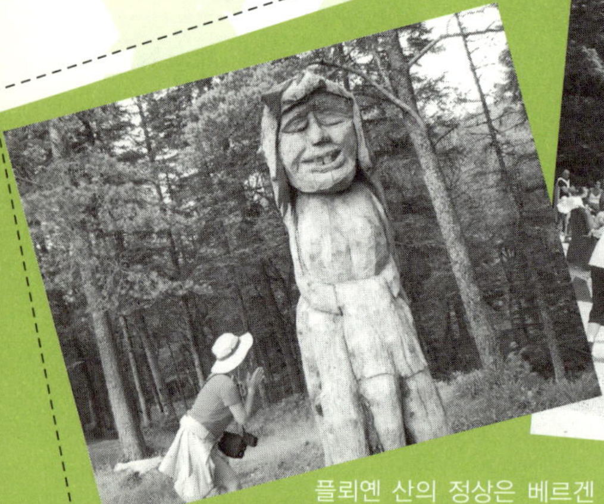

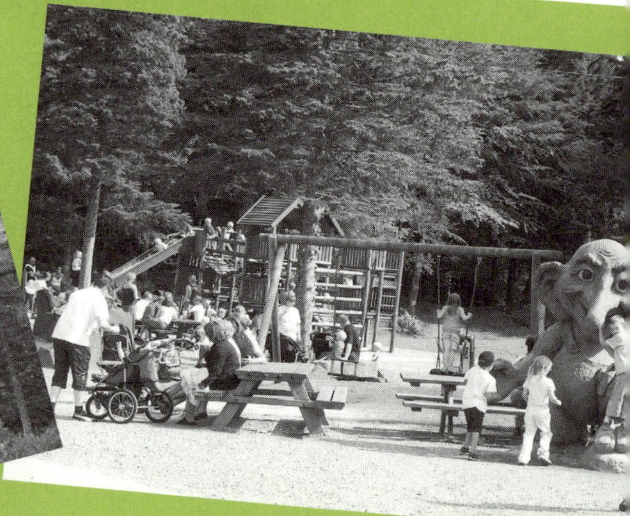

플뢰옌 산의 정상은 베르겐 시민들이 사랑하는 곳이다.

베르겐 어시장에서는 다양한 노르웨이 특산물을 판매한다.

어시장의 다양한 해산물들. 게 맛도 환상적이다.

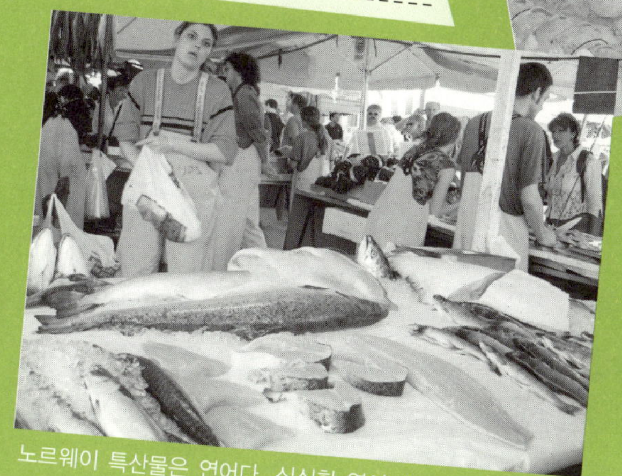

노르웨이 특산물은 연어다. 싱싱한 연어가 곳곳에 널려 있다.

어느새 베르겐의 집들이 바로 앞에 나타났다. 일정이 틀어지면서 보게 된 베르겐 구경은 차라리 잘 되었다는 생각이다. 햇살이 부서지는 파란 바다, 그 햇살에 빛나던 브뤼겐의 건물들, 눈으로만 보아도 풍요로운 어시장의 먹을거리들, 플뢰옌 산의 한가한 하이킹 등 이 모든 것들이 예정에 없이 들어온 수확들이다.

여행은 항시 계획 속에서만 이루어지는 것이 아니다. 빗나간 일정 속에서 예기치 않게 경험하는 것들이 더 값지게 파고들어오는 경우도 많다. 그것이 배낭여행의 묘미가 아닌가. 배낭여행은 중독성이 짙다. 여행을 하다 보면 힘들고 지쳐서 다음에는 꼭 패키지로 가봐야지 하다가도 그 맛을 못 잊어 어느새 배낭여행을 또 계획하게 된다.

기차역. 오슬로행 빨간 기차에 오른다. 이제 보스로 간다.

보스, 저녁을 거닐다

오른편 차장으로 절경이 펼쳐진다. 산 정상에 쌓여 있는 눈이 마치 다시 스위스에 온 것 같은 기분을 불러일으킨다. 다만 노르웨이의 풍경은 스위스보다 스케일이 크다.

보스. 여름에는 피오르드 관광을 위한 경유지로, 겨울에는 스키어들을 위한 장소로 늘 사람들로 가득하다. 제2차 세계대전 때 독일군의 폭격으로 도시의 대부분이 파괴되어 건물들은 거의 새로 지은 것들이다.

보스 역은 아주 작은 역이다. 언뜻 봐서는 무슨 시골에 온 것 같다. 역을 나서니 왼쪽에 시가지가 전개된다. 우리가 오늘 묵는 유스호스텔은 오른쪽으로 가야 한다. 짐을 들고 메고 걷기 시작했다. 크기를 가늠할 수 없는 호수가 이어진다. 노르웨이의 시원한 풍광 속에 묻혀 거니는 가족들의 모습이 정겹다. 확실히 북유럽을 이번 여행 일정의 절반으로 잡은 것은 잘한 선택인 것 같다. 여기는 날씨가 그리 덥지도 않고 햇살을 받고 있어도 땀이 많이 나지 않는다. 한국 사람들 만나기도 쉽지 않다. 또 여기 사람들은 영어를 다 잘해 의사소통하는 데 큰 어려움이 없다.

유스호스텔로 가기 위해 호수를 끼고 걷는다. 맞은편에서 막 결혼식을 올린 신랑 신부의 모습이 보인다. 짙은 녹음과 어우러진 하얀 면사포가 아름다움을 자아낸다. 우리까지 행복해진다. 사랑하는 이들의 모습은 어디서나 보는 이를 흐뭇하게 만든다. 그런데 이런, 가만히 보니 하얀 면사포의 신부가 담배를 피고 있는 것이 아닌가. 뭔가 개운하지 않은 기분이 든다. 역시, 다른 문화를 이해한다는 건 힘들다.

보스 유스호스텔. 정말 호수와 닿아 있는 그림 같은 집이다. 그리고 호수 건너편 산의 봉우리에는 눈들이 쌓여 있다. 체크인을 하니 린넨의 사용 여부를 묻는다. 지금까지는 침대시트 사용 가격이 모두 포함되어 있었는데 북유럽은 린 넨값을 따로 받는다. 4사람에 260크로네, 만만치 않은 가격이다. 방은 1층 가족실로 창문으로 호수가 보인다.

식사는 유스호스텔 저녁 메뉴를 이용하기로 했다. 가격은 203크로네, 우리 돈으로 3만원 정도.

스프를 빼놓고는 다 차가운 음식이다. 파스타도 우리가 생각하는 스파게티와는 다르다. 더군다나 그리스식 샐러드는 잘게 썰어놓은 두부 같은 것에, 흑갈색 콩 같은 것이 들어있는데 시큼한 것이 웬만하면 음식을 거절하지는 않는 나도 선뜻 손이 가지 않는다. 스위스 그린델발트 유스호스텔의 저녁 식사는 꽤 만족스러웠는데 이곳은 실패다.

식사를 했는데도 뱃속이 서운하다. 2층을 둘러보니 취사시설이 되어 있어 남겨두었던 컵라면 2개를 꺼내왔다. 컵라면을 들고 호수로 나갔다. 풀밭에 앉아 시간을 보내며 익기를 기다린다. 아이들의 표정에 행복이 넘친다. 기쁜 것은 비단 애들뿐만이 아니다. 아내와 나도 나무젓가락을 들고 라면이 익기만을 기다리고 있다. 라면의 매콤한 국물 맛이 좋다. 면보다 국물을 마시니 속이 풀린다. 그렇지 않아도 차가운 샐러드를 먹어서 속이 좋지 않았는데 별미다.

호숫가를 거닌다. 유스호스텔의 테라스에 몇몇 사람이 보일 뿐 호숫가에는 우리 가족만이 한가로운 오후를 즐긴다. 매일 저녁 늦게까지 허겁지겁 다니다가 오늘에야 여유다운 여유를 처음으로 맛본다.

남아있는 해가 너무 아까워서 이번에는 보스 시가지에 가보기로 했다. 마음이 바쁘지 않으니 걸음이 느긋해진다. 어느 새 보스 기차역에 닿았다. 교회가 보인다. 2차 대전 중에 독일군의 폭격을 당한 보스에서 유일하게 무사했다는 교회다. 돌로 지어진 건물인데 벽이 상당히 두꺼워 보인다. 안으로 들어서니 무덤들이 뒤와 옆으로 늘어서있다. 겸허함보다는 섬뜩함이 앞선다.

9시가 넘었는데도 날이 환하다. 위도가 높으니 해가 더 길다.

유스호스텔. 침대 2층에 자리 잡은 요한이가 갑자기 나타난 큰 거미에 놀랐다. 이놈이 도대체 어디에서 나타났을까. 덕분에 가족의 취침 위치가 바뀌었다. 건장한 남자 두 사람이 2층으로 올라갔다.

11시가 다 되어 가는데 창밖에 어스름하게 호수의 풍경이 보인다. 이야기 소리도 두런두런 들린다. 이런 날 우리도 한 잔의 커피와 저물어가는 호수의 운치를 느끼며 인생을 관조하면 얼마나 좋을까. 하지만 연일 계속되는 강행군에 우리도 벌써 많이 지쳤다. 불을 껐다.

절경은 길에 깔려 있다

　7시. 호수를 바라보며 체조를 하니 몸이 한결 더 가뿐해지는 것 같다. 식당으로 내려갔다. 가짓수는 많은데 온통 채식주의자들이 환영할만한 메뉴들이다. 사과, 오렌지, 오이, 민들레, 파프리카, 토마토. 우유와 치즈 빼고는 거의 다 식물성이다. 근래의 아침은 먹는다기보다는 집어넣는다는 표현이 맞다.

　오늘은 주일날이다. 교회에 가서 예배를 드리려면 역 저쪽에 있는 보스교회에 가서 드려야 하는데 예배시간이 아침 일찍은 아닌 것 같고, 영어도 아닌 노르웨이 말로 진행되는 예배에 참여해봐야 별 의미가 없을 것 같아서 호수로 나왔다. 네 명이 둘러앉아 예배를 드린다. 테라스에는 사람들이 나와서 호수가에서 진행되는 동양인 가족의 예배를 지켜보고 있다. 다시 짐을 챙겨

채식주의자들의 만찬,
보스 유스호스텔의
아침식사.

서 보스 역으로 향한다.

보스 역. 10시가 다 되어서야 버스들이 도착하기 시작하고 광장에서 기다리는 사람들도 많아졌다. 안내원처럼 보이는 사람이 버스에서 내려 기다리는 사람들을 태우며 인원을 파악한다. 10시, 드디어 버스들이 출발하기 시작했다. 본격적인 피오르드 관광의 시작이다.

노르웨이의 경치는 스케일이 크고 장대하다. 굳이 관광지를 찾아가지 않아도 감탄을 자아낼 만한 풍경들이 곳곳에 깔려 있다. 그야말로 그림엽서들을 펼쳐 놓은 것 같다. 붉은 색의 노르웨이 집들이 자연 속에 어우러져 더 멋진 경치를 만들어낸다.

보스에서 보던 호수를 오른쪽으로 끼고 달리던 버스는 어느덧 가파른 산길을 내려가기 시작한다. 우리나라 강원도의 한계령보다 더 험난한 내리막길이다. 길은 좁은데 버스는 길어서 완전히 곡예를 보는 것 같다. 1시간 20분 정도 걸려 버스는 구드방겐에 도착했다.

대기해 있던 페리에 오르려는데 우리

앞에서 인원수를 제한한다. 아, 여기서 또 일정이 어긋나면 최악의 경우 오늘 오슬로에 도착하지 못할 수도 있다. 열차 예약증을 보여주면서 우리의 처지를 설명하니 다시 입장을 허락한다.

페리에 올랐다. 늦게 올라타서인지 좋은 자리는 다른 사람들이 다 차지했다. 1층 안쪽 좌석만 비어있고 갑판은 이미 사람들로 만원이다. 밖의 멋진 경치를 보는 것이 피오르드 관광의 백미라 갑판 위에 비집고 들어갔다. 배가 출발했다. 방송이 나오기 시작한다. 하지만 송네 피오르드를 구경할 때 한국어 안내방송 도 나온다고 했는데 그렇지 않다. 이웃나라들 언어로는 방송이 나오고

4. 뤼세 피오르드

거대한 암벽, 칼로 잘라놓은 듯한 수직의 벽이 이 피오르드의 상징이다. 이 벽은 프레이케스톨렌이라 일컬어지는데 버스가 가지 않아 이 벽에 오르려면 걷는 수밖에 없다. 버스에서 내리자마자 등산로가 시작되는데 오르기까지 힘은 들지만 일단 오르면 기막힌 절경은 보장된다. 스타방게르에서 배를 타고 타우로 가서 타우에서 버스를 타고 프레이케스톨휘타에서 하차, 걸어올라간다.

피오르드만 구경하기 위한 문의는 www.rodne.no로 하면 된다. 프레이케스톨렌 유스호스텔에서 1박을 할 수도 있다.

송네 피오르드, 한여름에도 날씨가 선선해 갑판에 오래 서있기 힘들다.

송네 피오르드는 생각보다 지루했다.

있는데 한국어는 쏙 빠져 있다.

장엄한 노르웨이의 자연이 펼쳐진다. 그런데 생각만큼 별 감흥이 일지 않는다. 지금까지 베르겐을 출발하여 보스까지 오다가 보던 광경, 그리고 보스를 출발하여 구드방겐까지 오다가 보던 풍경의 반복일 뿐이다. 구드방겐까지 비행기를 타고 왔다면 멋있는 경치에 감탄이 끊이지 않았겠지만 이미 우리는 길 위의 노르웨이를 만끽한 후라 김이 팍 샌 느낌이다.

춥다. 여름이지만 여기는 위도가 상당히 높은 지역이라 긴팔 옷을 입고 있어도 바람이 차다. 사람들의 절반 이상이 벌써 선실로 들어가고 갑판은 한적해졌다. 구름이 잔뜩 끼어서 파란 하늘이 전혀 보이지 않는다. 2시간 코스가 지루하게 느껴진다.

한참을 가니 도시가 보인다. 아울란이다. 배의 앞 도크가 올라가고 한 차례 사람들이 내리고 나니 선실이 한결 한가해졌다. 드디어 플롬, 우리의 목적지에 배가 정박했다.

환상열차 플롬선

시계를 보니 오후 1시 30분이다. 어제 예약할 때 정해준 플롬선 열차 시간은 오후 4시 5분이니 두 시간 반 정도는 여기서 보내야 한다. 열차는 이미 도착해서 기다리고 있지만 사람들은 자기들이 지정받은 시간을 지키기 위해 열차에 오르지 않는다. 물론 티켓에는 플롬선 탑승시간이 적혀있지 않다. 그러나 내가 시간을 무시하면 나 때문에 다른 한 사람이 서서 가야 하는 사태가 벌어지기 때문에 규정을 지키는 것은 당연한 도리다.

플롬 지역을 돌아다녀보기로 했다. 시간이 넉넉하면 노르웨이의 그랜드 캐

니언이라고 불리는 아울란 계곡으로 하이킹을 가거나 낚시를 즐길 수도 있다. 그러나 2시간 정도의 여유는 그런 거창한 일을 하기에는 부족하다.

결국 식당에 들어갔다. 노르웨이답게 역시 연어요리는 어디에 가든지 빠지지 않는다. Grilled Salmon with Potatos가 129크로네. 우리나라 돈으로 거의 2만원 정도, 역시 물가가 비싸다. Minestrone Soup이 59크로네 그리고 바나나 2개까지 해서 아내와 나는 200크로네로 맞추었다. 아이들은 스낵 코너에서 핫도그와 음료 세트로 결정한다. 62크로네지만 7크로네를 더하면 음료 한 잔이 한

플롬선 열차는 1년 내내 제설판을 떼는 일이 없다.

플롬선 철도의 내부 모습.

병으로 바뀐다니 음료 한 병짜리로 두 세트를 시켰다. 아이들 음식 값은 138크로네. 식사 가격이 도합 338크로네로 5만원 정도다. 노르웨이에서 이 정도 가격이면 나름 잘 맞추었다 싶다. 음식 맛도 꽤 괜찮다. 다만 양이 좀 적어 아쉽다. 두 시간 내내 추위 속에 있다가 따뜻한 음식을 먹으니 속이 편안하다.

시간이 흐르고 열차 탑승. 절경이 오른쪽으로 전개되고 있다. 오른쪽 좌석에 앉은 사람들의 '와' 하는 소리에 왼쪽에 앉은 사람들이 다들 일어난다. 왼쪽에

앉은 우리 가족도 아쉬움과
감탄을 함께 내뱉는다.

　터널을 지나자 이번에는
절경의 위치가 바뀌었다.
그럼 그렇지. 왼쪽 오른쪽
을 번갈아가며 절경이 펼
쳐진다. 간혹 가파른 언덕
을 스릴 있게 올라가며
사람들의 혼을 빼놓기도
한다.

　열차가 정차했다. 키요스
폭포다. 폭포는 낙차가
93m다. 물줄기도 아주 커서
엄청난 물이 아래로 쏟아져
내린다. 어디선가 음악이 들
리자 폭포 주위로 여자 두 명
이 나타나 춤을 춘다. 한 여자
는 폭포의 아래쪽에서, 한 여
자는 폭포의 중간쯤에서 춤을
추는데 파란 옷을 입었다. 잘은

키요스 폭포를 감상하다보면 음악과 함께 아름다
운 여인들이 춤을 춘다.

오슬로와 베르겐을 잇는 노선은 노르웨이 철도여
행의 백미라 일컬어진다.

모르겠지만 노르웨이의 전통복장인 것 같다. 음악이 끝나면서 두 여자는 관광
객들을 향해 절을 하고 물러선다.

　차장의 호각소리가 들린다. 이제 다시 출발할 것이니 탑승하라고. 폭포를 출
발한 기차는 금방 뮈르달 역에 도착했다. 열차에서 내린 대부분의 관광객들은

대기하고 있는 보스행 열차에 올라타고 보스로 떠났다. 이제 뮈르달 역에 남아 있는 사람들은 얼마 되지 않는다. 열차에 한 시간 정도 같이 탔을 뿐인데도 거의 모든 사람들이 떠나버리니 좀 허전하다. 우리도 마치 그 열차를 같이 타고 보스로 떠나야 했던 것처럼.

여행책자에 나와 있는 것처럼 뮈르달에는 편의시설이 전혀 없다. 단지 플롬선 열차의 도착 때문에 만들어진 역 같다. 역사 외에는 언뜻 보이는 집들도 없다. 오슬로로 가는 소수의 사람들만이 남아있다. 시골 간이역에 덜렁 남아 열차를 기다리던 청춘, 그 시절이 비릿한 내음으로 스쳐간다.

저녁 식사는 역 안에서 해결해야 한다. 나는 간단히 핫도그를 주문했다. 플랫폼 앞쪽에 있는 벤치에 앉아서 먹는데 생각 외로 맛있다. 언뜻 보기에는 별로 맛있게 보이지도 않고 그냥 한 끼를 해결하기 위해서 주문했을 뿐인데 만족스럽다. 아내의 팬케익과 요한이의 샌드위치까지 해서 이번에는 138크로네가 들었다. 점심의 반도 안 되는 가격이다.

열차가 도착했다. 우리는 이등칸이다. 북유럽은 일등칸이 따로 있는 열차가 별로 없다고 해서 이등칸 표를 주어도 그런가보다 하고 받았는데, 이 열차는 일등칸 객차가 따로 있다. 일등칸이 다 차버려서 우리에게 이등칸을 주었을까. 좌석 배열도 마음에 들지 않는다. 일렬 배열이다. 모두 앞에 앉아있는 사람들과 마주보며 가야 한다. 우리 앞자리에는 대학생인 듯한 젊은이들이 앉아있다. 저쪽으로 노르웨이 여군이 책을 보면서 앉아있고 그 건너 옆자리에는 남자 군인들의 모습이 보인다. 유럽에 와서 군인들을 보니 좀 이상하다. 노르웨이 같은 나라는 군대가 없어도 될 것 같은데. 하기야 힘이 있어야 나라가 존재하지. 어느 나라나 마찬가지지 싶다.

뮈르달을 출발하자마자 황량한 풍경만 나온다. 민가는 전혀 보이지 않는다.

핀세 역에 도착하니 타는 사람들 대부분이 등산복 차림이다. 역 주위에 민가도 몇 채 안 보이고 주위에 큰 산도 보이지 않는데 도대체 어디에 다녀오는 것일까. 그 궁금증은 얼마 가지 않아 풀렸다.

핀세를 출발하니 창 밖이 완전히 빙하지대다. 정말로 우리나라에서는 볼 수 없는 지형이다. 많은 젊은이들이 이 빙하지대 하이킹을 마치고 지금 이 기차를 탄 것이다. 너무 멋있다. 이럴 줄 알았으면 지루하게 보낸 송네 피오르드 유람선보다는 차라리 이곳 핀세에서 하이킹을 할 걸 그랬다.

추천코스가 머릿속에 그려진다.

보스에서 아침에 기차를 타고 뮈르달로 간다. 뮈르달에서 플롬까지 왕복 플롬선을 탄다. 다음에 다시 뮈르달에서 기차를 타고 핀세로 온다. 여기서 내려 오슬로로 가는 다음 기차가 올 때까지 빙하놀이를 하고 즐기다 기차가 오면 오슬로로 간다. 이렇게 하면 피오르드를 보는 것보다 더 알차고 풍부한 노르웨이의 알짜배기 자연을 즐길 수 있을 것 같다.

계속 환상적인 경치가 전개되고 있다. 노르웨이의 철도 구간 중 오슬로에서 베르겐으로 가는 코스가 제일 멋있다고 하더니 바로 이곳을 두고 한 말이지 싶다. 빙하지대에 작은 호수가 나오고 또 황량한 벌판이 나온다. 다음에 다시 노르웨이에 오게 되면 핀세에서의 하이킹은 꼭 해보고 싶다.

우스타오셋을 지나자 비로소 황량한 광야가 끝이 나고 그나마 민가가 보이기 시작한다. 젤리오 역에서 한 무리의 중국 관광객들이 내린다. 바로 건너에 보이는 산에는 스키 슬로프들이 보인다. 겨울이면 이곳도 수많은 스키어들이 모이는 곳 같다.

머나먼 오슬로 유스호스텔

  오후 9시가 넘었다. 이제는 울창한 삼림이 양쪽으로 전개되는데 북위도답게 나무들이 모두 침엽수다. 피로가 몰려온다. 금방 잠이 들었다. 한 시간 정도 지나고 잠이 깼는데 기차는 아직도 달린다. 오늘은 기차 타기가 너무 지루하다. 이제는 몸도 지쳤는지 가만히 앉아있는 것도 괴롭다. 이 기차는 처음부터 만석이었다. 더욱이 낯선 사람들과 얼굴을 대하면서 몇 시간을 가고 있으니 피로감이 더하다. 오늘이 체력적으로 위기인 것 같다.

  벌써 현지 10일째다. 11박 12일의 일정이면 이 시간에 벌써 한국으로 오는 비행기를 탔으련만 아직도 며칠을 더 버텨야 한다. 부대찌개와 돼지갈비 생각이 절실하다. 얼큰한 부대찌개는 의정부에 가서도 먹어보았는데 매일 매일 빵만 먹는 일정 중에 한 번 부대찌개 코스가 들어가 있으면 얼마나 좋을까. 돼지갈비도 먹고 싶다. 상추에 고기 올리고 된장 바르고 마늘 넣은 다음, 한 입 집어넣으면 정말로 맛있을 것 같다.

  장거리 열차를 타는 것도 오늘이 마지막이다. 오늘은 5시간, 내일은 4시간, 모레는 3시간, 그 다음 날은 2시간. 이렇게 열차 타는 시간이 줄어간다.

  요한이는 기차에 대해 항상 호기심이 많다. 자리에서 일어나 기차 뒤쪽까지 다녀왔는데

노르웨이의 풍경은 장엄하면서도 아름답다.

칸마다 의자 색깔이 다르다고 한다. 우리가 타고 있는 칸은 의자가 노란색인데, 어떤 칸은 빨간 색, 어떤 칸은 초록색 등 다양하다고 한다. 오슬로에 도착했다. 밤 10시 32분이다.

오늘 우리가 숙박할 유스호스텔은 오슬로의 교외에 있다. 오슬로에는 유스호스텔이 세 곳 있는데 인터넷으로 검색했을 때 오슬로 시내에 위치한 유스호스텔은 방이 없었다. 그래서 교외에 위치한 유스호스텔로 예약해야 했다. 물론 일정이 어긋나지만 않았다면 밤늦게 도착할 일은 없었으니 유스호스텔의 위치는 크게 상관 없었다. 그러나 어제 베르겐에서 뮈르달로 가는 열차를 놓치면서 이런 상황이 된 것이다.

유스호스텔이 시내로부터 9km 정도 떨어져 있으니 택시 요금도 장난이 아닐 것 같다. 정말 이 시간에 교외전차가 운행을 하려나, 버스를 타게 되는 경우라면 내릴 곳을 정확히 알 수 있으려나, 첩첩산중이다.

역 구내에 있는 인포메이션 센터에 가서 스타벡 가는 열차를 물어보니 11시 23분에 출발하는 드라멘행 기차를 타라고 한다. 다시 오슬로 기차역에서 50분 정도를 기다려야 하는데 이 시간이 정말로 지루하다. 이미 몸은 지쳐 있고 사람들 모두 자기 갈 곳을 찾아 분주한 가운데 우리만 남아 기다리려니 더욱 힘들어진다. 그래도 가족들이 지금까지 잘 버텨주었다.

드라멘행 기차가 도착했다. 네 정거장을 가야 한다. 그래도 혹시 몰라 차장에게 부탁을 해놓았다. 스타벡은 완전히 시골역이었다. 내리고 나니 아무 것도 보이지 않는다. 단지 왼쪽에 도로만 보일 뿐 역사조차 없다. 주위에 민가가 한 채도 보이지 않는다.

다행히 우리와 함께 내린 젊은 여자가 있어 유스호스텔 가는 길을 물었다. 위치를 잘 모르는 여자에게 전화를 부탁했다. 통화가 길어지는 것으로 보니 위치가 복잡한가보다. 결국 저쪽으로 내려가서 다시 다른 사람에게 물어봐야 할 것 같다는 대답이 돌아온다. 그래도 이 정도까지나마 도와준 그 여자가 고맙다. 지나는 사람은 고사하고 불 켜진 건물 한 채 없는 이곳에서 대충 방향이라도 잡지 않았는가.

조금 걸어 내려가니 작은 길들이 여러곳으로 갈라지기 시작한다. 물어볼 사람이 아무도 없다. 갈라지는 길에 이정표들이 붙어있어 살펴보니 'Kveldstroveien'이라는 글자가 보인다. 이 방향이다. 오슬로에서 기차를 타지 않고 버스를 타는 경우에는 바로 이곳에서 하차하라는 정보를 용케 기억해냈다. 다시 방향을 잡아서 걷기 시작했다. 천천히 걸어가는데 다시 길이 희미해진다. 아내는 겁이 나는 모양이다. 사람 하나 보이지 않고 시간은 자정을 넘겼으니 무슨 일이라도 벌어지면 어쩌나 하는 염려가 몰려오는 모양이다.

하지만 나는 별로 걱정이 되지 않는다. 나 혼자라면 모를까 가족 전체가 함께 가고 있는데 무엇이 무서운가. 지금까지 해외여행을 하던 일가족 모두가 변을 당했다는 소식은 들어본 적도 없고 나는 기독교 신자이기 때문에 하나님이 험한 꼴을 당하게 할 것이라는 생각을 해본 일이 없다. 오히려 지금 우리가 헤매고 있는 이 순간이 여행이 끝나고 나서, 그리고 먼 인생의 훗날 돌이켜 볼 재미있는 추억거리가 될 것 같다.

드디어 큰 도로가 나타났다. 버스가 충분히 다닐만한 길이고 천만다행으로 주유소까지 보인다. Shell이다. 아직 영업을 하고 있다. 더군다나 편의점까지 있으니 저기에 가면 유스호스텔의 위치를 금방 찾을 수 있을 것 같다. 편의점에서 나오는 손님에게 유스호스텔을 물으니 모른다고 한다.

편의점 종업원에게 물으니 무슨 '브런치' 어쩌구 한다. 그런데 '브런치'가 무슨 뜻인지 모르겠다. 두세 번 말을 해도 내가 낭패한 표정을 짓고 있으니 나를 밖으로 데리고 나가더니 도로를 가로질러 나가는 보행자용 육교를 가리킨다. 아하! 저게 '브런치' 구나. 이제 감이 왔다. 저기를 건너 계속 가면 하얀 건물이 보이는데 그것이 유스호스텔이란다. 그의 설명대로 몸을 움직이니 금세 하얀 건물이 눈앞에 모습을 드러낸다.

Oslo Vandrerhjem Holtekilen, 드디어 유스호스텔이다. 보스에서와 마찬가지로 린넨을 사용할 것인가를 묻는다. 오늘은 린넨 값이 200크로네다. 어제보다는 싸다. 배정받은 방은 별관이다. 가족실인데 역시 2층 침대가 두 개 놓여 있다. 대충 씻고 자리에 누웠다. 오늘은 오슬로행 기차를 타면서부터 너무 힘들었다. 금방 잠 속으로 빠져 들어간다.

 # 오슬로 거리를 느끼다

비가 오고 있다. 하지만 비는 여행 중에 그리 큰 어려움이 아니다. 어지간히 내리는 비는 조금 불편하기는 하지만 하나의 낭만으로 취급해버리면 된다. 오면 오는 대로 비 내리는 하루가 그냥 흘러갈 뿐이다. 어제의 피로로 금방 움직이기가 힘들다. 잠시 맥을 놓고 침대에 앉아있으려니 비가 점차 잦아들다 그친다. 다행이다.

식당으로 가는 길. 어제는 밤이라 유스호스텔의 전경을 보지 못했는데 아침에 보니 전원형이다. 잔디밭 하며 인터넷에서 보던 사진 풍경 그대로다.

빵 종류가 두 가지다. 그냥 빵과 호밀빵이 있다. 빵에 넣어 먹는 슬라이스도 네 종류나 된다. 컨디션이 별로 좋지가 않아 찬 오렌지 주스는 마시지 않고 따뜻한 커피와 차를 마시기로 했다. 빵에 슬라이스, 토마토, 오이 등을 넣고 샌드위치를 만들어 커피와 함께 먹으니 그런대로 먹을 만하다. 'Russian Earl

Grey'라는 새로운 차가 있기에 마셔보았다. 아내는 먼지 냄새가 나는 것 같다고 한다. 여행 중에는 새로운 것에 대한 두려움을 가지면 안 된다. 여행에서는 일상의 습관을 떠나 새로운 것들을 경험할 수 있다. 어차피 한국에서 마시는 한정된 차를 떠난 새로움, 바로 그 맛이 여행에서 느끼는 재미 중의 하나가 아닌가.

체크아웃을 하고 유스호스텔을 나왔다. 어제의 기억을 되살려 어렵지 않게 기차역에 도착했다.

스타벡 역. 완전히 시골역이다. 쓸쓸한 간이역, 출근 시간을 넘겨서인지 우리 외에는 아무도 없다. 벤치에 앉아 기차를 기다린다. 열차가 들어온다. 오슬로를 중심으로 해서 다니는 교외전차다. 낮에는 30분에 한 대씩 다니고 이른 새벽이나 늦은 밤에는 한 시간에 한 대꼴로 다닌다. 일단 자정까지만 오슬로 중앙역에 떨어지면 이곳으로 올 수가 있다. 탑승한지 15분도 안되어 오슬로 중앙역에 도착했다.

느낌 하나. 한적한 수도 오슬로와 만나다

오슬로는 한 나라의 수도치고는 너무나 조용하다. 풍부한 녹음이 가득하고 규모 또한 그리 크지 않아 어지간한 중심부는 걸어서 구경할 수 있다. 오슬로는 자전거 대여 시스템이 잘 되어 있어서 자전거를 빌려 다닐 수도 있다. 자전거를 빌릴 수 있는 장소는 14곳인데 모두 연결되어 있어 이곳에서 빌리고 다른 곳에서 반납해도 상관이 없다. 자전거 대여 카드가 컴퓨터로 관리되고 있기 때문이다. 관광객이 자전거를 빌릴 때는 중앙역과 오슬로 시청사 앞의 ⓘ 에 접수시킨다. 빌릴 때는 이용요금 이외에 500크로네 이상을 보증금으로 맡겼다가 자전거를 반납하면서 찾는다. ⓘ 가 닫는 시간까지 자전거와 카드를 반납해야 한다.

Feeling Oslo

스타벡 역. 조용한 간이역은 추억 속에 잠기게 한다.

오슬로 아침 시장의 모습.

오슬로 시청사에서는 매년 12월 10일 노벨
평화상이 시상된다.

오슬로는 노르웨이의 수도임에도 불구하
고 시내가 한적하다.

국립미술박물관. 월요일은 대부분의
박물관이 휴관이다.

오슬로는 바다에 접해 있는 도시다.

노르웨이 왕궁 앞. 사람들이 천연덕스럽게 지나
다닌다.

중앙역에 인접한 카를 요한 거리를 걷는다. 이 거리는 오슬로 중앙역에서 왕궁까지 이어지는 길로, 직선거리로는 1.5km 정도가 된다. 오슬로의 분위기를 파악하기 위해 오슬로에서 가장 먼저 둘러보아야 할 곳이라고 한다. 우선 중앙통으로 천천히 걸어본다. 왕궁 조금 못 미쳐 공원이 나타났다. 왕궁에 인접한 공원인데도 누구나 출입이 가능하다. 왕궁에는 지금도 국왕이 살고 있다고 한다. 이 왕궁은 19세기에 착공을 시작하여 중간에 자금 부족으로 공사를 중단했다가 26년 만에 완공을 했다.

근처에 오슬로 대학도 보인다. 우리나라 대학 캠퍼스의 개념과는 거리가 멀다. 거리에 건물 몇 채가 덜렁 있을 뿐이다. 한국 차들도 자주 보인다. 액센트, 카니발 등. 반갑다. 외국에서 무엇을 통해서건 우리나라를 보는 것은 역시 기분 좋은 일이다.

느낌 둘. 뭉크와는 인연이 없다

국립미술관은 월요일이라 문을 닫았다. 출입문 앞에 뭉크의 〈절규 The Scream〉 그림 사진만 덜렁 붙어있다.

'태양이 저물어가는 시간에 친구와 길을 걷고 있었다. 하늘이 피처럼 붉게 물들고 거리 위로 불타는 구름이 드리워졌다. 나는 공포에 떨며 서있었다. 그리고 언제 끝날지 모르는 커다란 절규가 자연을 찢고 있는 것을 느꼈다'

일기장에 쓰인 경험을 그린 작품이 바로 그 유명한 〈절규〉다. 뭉크가 그린 작품 중 〈절규〉 못지않게 유명한 작품은 마리아의 모습을 묘사한 문제작 〈마돈나〉를 꼽을 수 있다. 이 두 작품은 2년 전 뭉크미술관에서 도난을 당했다. 예술을 돈으로 평가할 수는 없지만 〈절규〉는 우리나라 돈으로 7백 9십억 정도, 〈마돈나〉는 1백 6십억 정도다. 이 두 작품은 노르웨이 경찰의 추적 끝에 2년 만에 회수하게 되었다.

어차피 그림에 깊은 식견을 갖고 있지는 않기 때문에 큰 아쉬움은 없지만 그래도 노르웨이까지 와서 유명한 작품을 보지 못한다니 좀 서운하기는 하다. 정말 노르웨이에서는 일이 계속 꼬이기만 한다. 베르겐에서 열차 놓치고, 오슬로에서는 유스호스텔 찾느라 고생하고, 박물관은 문 닫고, 여러 가지로 신경 쓰이는 일들이 많다. 오슬로 관광 계획 단계에서 고려되었던 바이킹 박물관과 비겔란 공원은 애초에 포기를 했다. 이제 남은 시간 하릴없이 오슬로 시내만 이리저리 다녀 본다.

시청사 쪽으로 가니 바다가 보인다. 오슬로 시청사는 오슬로 시 창립 900주년을 기념해 세운 건물이다. 시청 안에는 유럽에서 가장 크다는 유화가 걸려 있다. 1층과 2층에도 다양한 벽화가 걸려 있는데 독일군 점령기에 억압받는 오슬로 시민의 모습을 주로 묘사하여 당시에 고통 받던 국민들의 감정을 느껴볼 수 있다. 이 시청사에서는 매년 12월 10일 노벨 평화상이 수여된다. 시청사에 있는 2개의 사각탑이 사람들의 눈길을 끈다.

느낌 셋. 푸짐한 음식으로 짜증을 녹인다

사실 오늘은 요섭이가 아침부터 화가 나 있었다. 지금까지 여행을 다니면서 요섭이가 궂은 일을 많이 했다. 린넨을 매트리스와 모포에 끼우는 작업이라든가, 코인로커에 배낭을 넣고 빼는 일이라든가, 여러 가지 귀찮은 일들을 담당해온 것이다. 동생 요한이는 현지 진행 역할이다 보니 책자를 보거나 지도를 보는 일이 많았다. 나름 공부도 되고 여행의 재미를 느끼며 할 수 있는 일이었다. 그러나 요섭이는 자질구레하게 힘쓰는 일만 하다 보니 결국 오늘 아침에 터져 버린 것이다.

과묵한 요섭이의 화를 푸는 일은 그리 쉽지 않다. 시간이 약일 수도 있지만 얼마 남지 않은 가족여행을 끝까지 함께 즐기고 싶다. 요섭이의 마음을 풀어주기 위해 푸짐한 점심을 먹기로 결정한다.

 가지고 있는 여행안내 책자를 보니 오슬로 시청 앞 광장 주변에 Nippon Art라는 음식점이 나와 있다. 가격을 보니 매일 점심 시간에는 전채와 된장국, 초밥을 ‘Happy Hour’ 라는 이름으로 139크로네에 판매한다고 나와 있다. 예상 식비가 한 끼 6만원 선까지는 책정했으니 가격도 대충 맞는다. 요섭이를 위한 점심은 이 일식집으로 결정했다.

 식당 앞. 정보가 없으면 감히 들어갈 엄두를 내지 못할 정도로 고급스러워 보인다. 하지만 우리에게는 ‘Happy Hour’ 라는 비장의 묘책이 있다. 주방장과 눈인사를 나누었는데 일본 사람이 아닌 서양 사람이다. 메뉴판을 보니 ‘Happy Hour’ 가 나와 있지 않아 종업원에게 물어보니 점심 메뉴 가격이 더 저렴하다고 한다.

 스시 세트 하나와 덴뿌라 하나, 노르웨이 말로 써 있어 정체모를 ‘Stekt Nudler m. kylling(biff.)’ 하나, 그리고 미소 수프 2개를 시켰다. 스시 세트는 스시 10개와 마끼 3개가 들어있는데 가격은 149크로네고, 덴뿌라는 98크로네다. ‘Stekt Nudler m. kylling(biff.)’ 는 98크로네, 미소 수프는 하나에 39크로네로 총 423크로네다. 우리나라 돈으로 6만원이 조금 넘어간다. 이 정도면 맛있게 먹고 기분도 내고 괜찮은 선방이다.

 음식이 나왔다. 정체도 모르고 시켰던 ‘Stekt Nudler m. kylling(biff.)’ 는 몇 년 전 일식조리사 시험을 준비할 때 몇 번 연습했던 닭고기 버터구이와 비슷한 종류다. 여기에 가는 면발의 국수가 첨가되어 있다. 스시와 마끼도 훌륭했고 덴뿌라 튀겨내는 솜씨는 뛰어났다. 일식 요리 중에서 튀김은 언뜻 생각할 때 그거 ‘그냥 튀겨내면 되지’ 하고 쉽게 생각하는 품목이지만 튀김 요리는 일식 요리에서도 마지막 수준에 올라있는 요리다. 그만큼 튀김을 잘 튀겨내기가 쉽지 않은데 상당히 잘 튀겨냈다. 여기에 밥공기 2개, 된장국 2개가 앞에 놓여 있으니 오늘 점심은 완전히 일품요리다. 음식을 먹고 있는 식구들의 얼굴에 만족감이 넘쳐난다. 오늘 이 음식점을 찾지 못했으면 어찌할 뻔 했나.

다시 중앙역으로 가는데 아침부터 흐려 있던 하늘이 드디어 비를 쏟아내기 시작한다.

예테보리행 인터시티에 올라탔다. 뒤로 가는 좌석에 앉았다. 차장이 차표 검사를 시작했다. 유레일패스를 제시하면 언제나 만사 오케이다. 이미 우리는 유레일패스를 가지고 본전을 뽑고도 남았다. 유럽의 열차요금을 따져보니 우리가 파리에 도착할 무렵에 이미 유레일패스 가격이 열차요금과 같았다. 북유럽에서 타고 다니는 열차는 다 남는 장사다. 내일과 모레 스톡홀름에서 헬싱키까지 탈 실야 라인과 핀란드의 투르크에서 스톡홀름으로 올 때 탈 바이킹 라인 페리는 이 유레일패스가 있기 때문에 거의 공짜다. 우리 가족이 한 방에서 잘 객실 하나씩을 한국에서 미리 예약을 했는데 예약비가 좀 들어갔다.

이제 노르웨이를 뒤로 하고 스웨덴 예테보리까지 열차는 달린다.

노르웨이에서의 비용 1,112,316원

〈단위: 노르웨이 크로네〉

택시비	150(23,850원)	숙박비	292,900원
버스비	76(12,084원)	피오르드 예약비	1,290(205,110원)
간식	42.5(6,758원)	점심 식사	300(47,700원)
딸기	45(7,155원)	푸니쿨라	106(16,854원)
물	46.5(7,394원)	린넨	260(41,340원)
저녁 식사	203(32,277원)	숙박비	131,753원
점심 식사	338(53,742원)	저녁 식사	138(21,942원)
린넨	200(31,800원)	숙박비	110,174원
점심 식사	432(68,688원)	화장실	5(795원)

SWEDEN

 # 스웨덴의 노란 밀밭을 바라보며

국경을 통과했다. 노르웨이를 떠나서 스웨덴에 들어섰는데도 여권 검사는 하지 않는다. 주위로 보이는 집들의 모양이 노르웨이와 다른 것이 스웨덴이구나 싶다. 밀밭에 밀이 노랗게 익고 있다. 저 밀로 만든 밀가루는 수확 후에 농약을 치지 않을 것 같다.

몇 년 전 신문에 우리나라로 수입하는 밀가루의 운송과정에서 농약을 쏟아붓는 사진을 본 뒤로 우리 밀로 만든 제품만을 고집한다. 물론 가격은 더 비싸다. 하지만 우리 집 아이들에게 농약을 가득 친 밀가루로 만든 음식을 먹게 하고 싶지는 않다.

우리나라에서 사용되는 수입 밀가루는 미국산이 많은데 미국은 자국민이 먹는 농산물과 수출용 농산물을 구분해서 농사를 짓는다. 수출용 농산물은 자국민이 먹는 농산물보다 농약 사용량을 최대 2배까지 허용한다. 이외에도 다량의 살충제와 수확 후 농약까지. 이런 수입 밀가루는 1,2년이 지나도 상온에서 벌레가 생기지 않는다. 벌레마저도 안 먹는 수입 밀가루를 우리는 그냥 아무 생각 없이 먹고 있는 것이다.

우리나라에서 소비되는 밀가루의 양은 연간 400만 톤이다. 그런데 우리 밀은 1년에 1만 톤 정도만 생산된다. 밀가루의 자급률이 고작 0.25%다. 우리 밀은 늦가을에 파종하여 이듬해 초여름에 수확하기 때문에 농약을 거의 칠 필요가 없다. 다만 충청 이남 지방에서는 한겨울에 무성하게 자라는 독초가 있어 제초제를 한 번 정도 뿌린다. 제초제를 뿌려도 몇 개월 지난 후에야 수확하기 때문에 잔류 농약이 거의 없다. 사실 우리가 먹는 먹거리에서 농약을 완전히 없앨 수는 없다. 하지만 할 수 있는 만큼만은 피해보자는 것이 자식을 키우는 부모의 마음이다.

지금 여행을 하면서 간식을 먹는데 이 간식은 유럽에서 만든 제품들이다. 밀가루를 사용했지만 현지에서 나온 밀로 만들었기 때문에 농약에 대한 걱정은 하지 않고 먹을 수 있다.

잠시 잠이 들었다 깨어보니 창밖에 비가 내리고 있다. 거리를 걸을 때라면 비가 싫지만 기차를 타고 있을 때 내리는 비는 촉촉하니 운치를 자아내는 게 제격이다.

요섭이가 빈자리로 가서 영어공부를 시작한다. 방학숙제다. 고등학교 1학년 아이를 여름방학 17일 동안 해외여행을 하도록 한다는 것, 어떤 학부모들은 이해하지 못할지도 모른다. 대학입시를 위해 실력을 닦아야 할 그 중요한 여름방학에 쓸데없는 시간 낭비가 아닌가, 여행이야 대학 가서 보내면 된다는 생각을 할 수도 있다. 단 17일 뿐이겠는가. 여행 다녀와서 다시 시차적응을 하는 2,3일의 기간까지 생각하면 여름방학을 날로 들어먹는 셈이다.

물론 그 시기에 해야 할 공부의 소중함을 안다. 그러나 세계를 보고 경험하면서 얻는, 공부 외의 다른 것들도 크나큰 인생의 소득이다. 나는 그것을 우리 아이들에게 주고 싶다. 인생 전체로 볼 때 20일의 공부보다 여행에서 얻는 견문이 더 값질 것이라고 믿는다. 깊어지는 가족 간의 유대

길게 이어지는 밀밭. 우리나라도 이런 곡창지대가 많았으면 좋겠다.

감은 또 하나의 부가소득이 될 것이다. 이 여행은 우리 아이들에게 주는 인생의 선물이다.

요한이는 이번 여행은 여러 나라를 정신없이 다니고 있지만 다음에 다시 유럽에 오게 되면 '문화체험'을 여행의 테마로 잡고 싶다고 한다. 오페라 감상, 래프팅, 패러글라이딩 등. 아이들은 이미 여행이 주는 의미를 깨달아 가고 있다.

예테보리를 50분 정도 남겨 놓고 사람들이 기차에 많이 오른다. 잠시 구름이 걷혔던 하늘이 다시 흐려지기 시작하더니 창에 빗방울이 묻어나기 시작한다. 드디어 기차는 예테보리에 도착했다.

 # 스시(すし)복 터진 날

예테보리. 고텐부르크라고도 한다. 스웨덴 제2의 도시로 자동차 회사 볼보의 본사도 이곳에 있다. 이 도시는 덴마크 북단과 마주보고 있으며 자유항으로 지정된 항구이자, 또한 예타 강 하구의 부동항으로 예타 운하를 통해 스톡홀름과도 이어진다. 스칸디나비아 최대의 조선업 중심지이며, 대규모 조선소가 있다.

오슬로에서 여러 미술관의 휴관을 경험한 터라 유스호스텔부터 찾아가기로 했다. 우선 거기에 짐을 놓고 나서 천천히 여유를 가지고 둘러보리라. 기차역을 나서니 트램 정류장이 나온다. 유스호스텔로 가는 트램은 6번 트램인데 역쪽에서 타는 것이 아니고 길 건너편에서 타야 한다. 6번 트램의 운행시간은 한 시간에 네 대 정도다. 우리가 내려야 할 정류장까지는 일곱 정거장이다. 정류

장의 전광판에 버스와 트
램이 이곳까지 오는데 걸
리는 시간이 나와 있다.
트램에 올라탔더니 역시
사람들이 쳐다본다. 동양
인 가족이 올라타는 것
이 역시 신기해 보이는
것 같다.

예테보리 유스호스텔의 전경.

　트램에서 내려 유스호스텔
가는 길을 물어보니 친절하게
길 안내를 해준다. 트램이 오던
방향으로 다시 되돌아가면 금방
사거리가 나온다. 좌회전하면
작은 산 같은 것이 보이는데 그
산 밑에 있는 큰 건물이 유스호스
텔이다. 사거리에서 유스호스텔
까지의 거리는 대략 200m쯤 되
는 것 같다. 예테보리에는 유스호

예테보리 유스호스텔은 젊은이를 위한 대화공간이
참 많다.

스텔이 여러 개 있는데 우리가 묶는 유스호스텔은 Slottsskogen이다.

　유스호스텔. 젊은 아줌마가 안내를 보는데 참 싹싹하다. 이 유스호스텔은 처
음 예약할 때부터 가족실이 안 되었다. 남녀로 분리되어 아내 혼자 다른 방에
서 자게 되어 있었다. 처음부터 그렇게 예약된 상태였기 때문에 마음을 단단히
먹었다고 생각했는데 막상 떨어지려니 좀 신경이 쓰인다. 안내 아줌마에게 부
탁을 했다. 시원한 대답, "No problem!"

노르웨이와 마찬가지로 린넨을 따로 구입해야 한다. 650크로나, 약 9만원 정도다. 꽤 비싸다는 생각을 하면서 일단 신용카드로 계산을 하고 방 키를 받았다. 방에 들어가니 2층 침대가 나란히 있다. 그런데 화장실이 없다. 이곳에서는 복도에 있는 여러 개의 화장실을 공용으로 사용한다.

가만히 생각해보니 물가가 비싼 노르웨이보다도 비싸게 책정된 린넨 가격이 맘에 걸린다. 북유럽 유스호스텔에서 체크인 할 때의 기억을 되살려 보았다. 한국에서 예약과 함께 숙박비를 지급했으면 여기서는 꼭 그 사실을 확인해 주어야 했다. 이곳에서는 깜박 아무런 말을 하지 않으니 숙박비까지 같이 받은 것이 아닐까 하는 생각이 든다. 예상이 맞았다. 그러나 카드 내용을 변경시키기는 어렵다고 하면서 현찰로 450크로나를 돌려준다. 현찰을 받아서 방에 들어가니 요한이가 새로운 제안을 한다.

내일 우리는 아침 8시를 넘어 스톡홀름으로 가는 X2000 열차를 타는데 이 열차에서는 일등석에 한해 비행기 기내식에 버금가는 식사를 제공한다. 그래서 우리는 유스호스텔을 예약할 때 아침 식사는 포함시키지 않았다[북유럽의 유스호스텔 예약은 아침 식사 포함여부를 결정해야 한다. 물론 아침 식사가 포함되는 경우는 가격이 달라진다]. 그런데 막상 이렇게 스웨덴 현찰을 몇 백 크로나나 쥐고 나니 아침 식사를 한 번 해보자는 것이다. 이곳 유스호스텔 홈페이지에서 봤던 아침 식사 소개 동영상을 떨쳐버릴 수가 없는 모양이다. 그러면 내일 아침 기차에서 먹는 식사는 어떻게 되냐고 물으니 그건 그거고 다 먹을 배가 따로 있단다. 돈이 있으니 마음이 넉넉해져서 식사를 신청하기로 했다. 내일 일은 내일 생각하면 된다.

유스호스텔을 둘러보니 부대시설이 많다. 빨래방은 기본이고, TV 시청 룸, 당구를 칠 수 있는 방, 모여서 차 마시며 이야기할 수 있는 큰 방에, 사우나실까지 구비되어 있다. 물론 사우나 이용요금은 따로 내야 하지만.

일단 거리로 다시 나섰다. 멀리 가지는 못하고 그냥 유스호스텔 주위를 돌아다니기로 했다. 다시 트램을 타고 나가기에는 너무 늦은 것 같다. 또, 나가봐야 바다인데 어차피 내일부터는 바다를 실컷 보게 되어있다.

큰 길을 타고 내려가면서 식당을 탐색하고 있다. 오늘 저녁은 무엇을 먹을 것인가. 저녁 정탐이 끝나고 가족들이 모여서 의견을 모은다. 이미 빵에 질려 있는 가족들의 마음이 일식집으로 모아진다. 길을 가다가 보아둔 Lilla Tokyo 라는 곳으로 들어갔다. 그리 크지 않은 식당인데 사람이 꽉 차있다. 우리가 밖에 서있는 것을 보더니 어떤 사람이 식사를 하고 있다가 급히 먹기 시작한다. 자리가 안 나면 그냥 다른 식당으로 가려고 했는데 그 사람의 호의 덕분에 일단 자리를 잡고 앉았다.

스시 17개에 125크로나, 스시 11개가 79크로나다. 일본의 닭꼬치라 할 수 있는 야끼토리는 69크로나로 스시에는 미소(일본 된장국)가 포함되어 있다. 스시 17세트 하나, 스시 11세트 하나, 야끼토리 하나 이렇게 세 가지를 시켰다. 가격은 273크로나다. 돈은 점심에 오슬로에서 먹었던 가격의 절반 정도다. 식당을 운영하는 사람은 일본 사람도, 스웨덴 사람도 아닌 동남아시아 사람 같다. 우리가 주문을 하려는데 식사를 마치고 나가려던 남자가 우리의 주문을 받

스시의 날. 확실히 스웨덴은 노르웨이에 비해서 물가가 싸다.

아 주인 아줌마에게 통역을 해준다. 얼굴색이 서로 비슷한 것을 보니 같은 민족 같다. 해외에서 살면서 도움을 주려는 모습을 보니 좀 애잔한 느낌이 든다. 음식이 나왔다. 맛은 큰 차이는 없는 것 같은데 전체적인 느낌은 역시 세련된 오슬로가 좀 나은 편이다.

유스호스텔에 들어가 또 며칠 만에 빨래를 했다. 정말 여행에서 빨래할 일만 없어도 조금 더 편할 것이다. 빨래하는 날은 빨래하니까 피곤해, 빨래를 안 하는 날은 해야 하는데 하는 걱정에 신경 쓰여 피곤해. 참 여러 가지로 힘들다.

10시 좀 넘었는데 벌써 밖은 어두워졌다. 창으로 바깥 풍경이 흘러들어온다. 정말 사람 사는 모습은 어디서나 똑같다. 우리나라에서나 유럽에서나 모두들 생존을 위해 열심이다. 고단한 인생사, 오늘은 일찍 자기로 했다.

 # 우리는 X2000에 반했다

새벽 5시, 화장실에 가기 위하여 복도로 나갔다. 차 마시는 방에 불빛이 보이기에 가보았더니 어떤 사람이 혼자 앉아 글을 쓰고 있다. 참 여행의 낭만을 즐기고 있다는 생각이 들었다.

나의 이번 여행을 돌아봤다. 여행의 낭만이라. 개인적으로 볼 때는 별로 즐기지 못하고 있다. 처음부터 아이들에게 주는 인생의 선물과 아내에게 주는 삶의 기쁨이라는 데 더 의미를 둔 여행이었다. 내가 느끼는 낭만은 처음부터 한국에서 가져오지도 않았다. 만약 나를 위한 여행이었다면 저 사람처럼 글을 쓰고 있을 가능성이 있을까. 아닐 것 같다. 저렇게 다니기에는 체력적으로 한계가 있어 이 시간이면 잠을 자고 있을 것이고, 체력이 버텨준다고 해도 저만큼의 열정은 없다. 열정도 때가 있는 법이다. 여행도 조금이나마 더 젊었을 때 다녀야 삶에 묻어나오는 것이 많다.

낭만. 지금 내 또래 사람들의 삶에 낭만이라는 것이 있을까. 사람마다 정도의 차이는 있겠지만 낭만보다는 당장 해결해야 할 현실상황이 더 많은 무게로 우리의 의식을 누르고 있다. 현실의 문제를 해결해나가는 것이 더 우선순위인 것이 기성세대의 삶이다. 낭만도 젊었을 때 즐겨야 할 것 같다. 각각의 나이마다 가지고 갈 수 있는 낭만의 분량이 다르다는 걸 알지만 역시 조금 쓸쓸해지는 건 어쩔 수 없다.

6시에 일어났다. 오늘은 X2000 열차의 탑승 시간이 있기 때문에 늦지 않게 숙소를 나서야 한다. 아침 식사를 하러 내려가며 기대감을 감출 수 없다. X2000의, 비행기 기내식에 버금간다는 식사를 무시하고 급히 신청한 식사였다. 하지만 결과는 실망스러웠다. 동영상은 발달한 사진기술의 승리였다. 당구대 위에 판을 깔고 그 위에 음식들을 올려 놓았다. 옆쪽에도 음식을 좀 놓았는데 전체적으로 오슬로 유스호스텔에서 먹었던 음식보다 크게 나은 것 같지는 않다.

빵 하나에 슬라이스 네 가지, 파프리카, 오이, 토마토를 넣고 즉석 샌드위치를 만들어 커피와 함께 마신다. 식사량이 많지 않은 사람은 이것 하나만으로도 충분히 양이 찰 것 같다. 여행 중 아침 식사는 평소보다 양이 더 많다. 하루 종일 돌아다녀야 하는 여행에서 든든한 아침은 필수다. 식구들 모두 그 사실을 알기에 맛과 상관없이 거하게 아침 식사를 마친다.

A라인에서 6번 트램을 기다린다. 8월 중순인데도 여기 사람들은 모두 긴팔 차림이다. 역시 우리 가족만 시절 모르고 반팔이다. 자연환경의 차이가 문화의 차이를 만들어가는 것 같다. 트램을 타는 곳에 우리나라에서도 흔히 볼 수 있는 무가지 'Metro'가 보여서 하나 집어 들었다. 모두 스웨덴 말로 쓰여 있으니 봐야 뭐 아는 것이 하나도 없지만 폼은 일단 멋있지 않은가. 트램을 타고 중앙역으로 향하는데 8시 정각이 되니 성당에서 종소리가 울린다. 트램의 전광판에 'Nordstaden'이 나왔다. 정차할 역은 전체가 대문자로 나오고 그 다음 정차할 역은 첫 글자만 대문자로 표시된다.

중앙역. 어제는 숙소를 찾아야 한다는 급한 마음에 보이지 않았던 역 내부가 보인다. 작은 식당 앞에는 샌드위치에 커피, 주스 각 한 잔씩 해서 39크로나를 받는다는 작은 입간판이 놓여 있다. 우리나라 돈으로 5천원이 조금 넘는 액수인데 확실히 스웨덴이 노르웨이보다 물가가 싸다. 정말이지 노르웨이는 물가가 너무 비쌌다.

8시 20분, 아직 승객들을 탑승시키지 않는다. 1호차와 2호차가 일등석인데 우리는 1호차 47, 48, 50, 51번 좌석이다. 차 밖에서 우리 번호를 보니 객차의 맨 끝인데 네 명이 독립적으로 앉을 수 있게 되어 있다. 한 객차 안에 따로 독립된 공간이다. 문도 닫을 수 있고, 커튼도 칠 수 있다. 물론 완전히 밀폐된 공간은 아니다. 커튼이 망사이기 때문에 분위기만 내주는 것이다.

탑승을 시작했다.

미리 예약을 해서인지 아니면 4명이 한 팀을 이루어서인지 좌석 중에서도 제일 좋은 좌석을 주었다. X2000 열차가 이번 유럽여행 중에서 제일 인상 깊고 고급스러운 열차였다. 자리 공간도 넉넉하고 앞에 놓여 있는 식탁도 상당히 넓은데 원목으로 만들어져 있다. 각자의 자리마다 작은 불도 켤 수 있다. 조금 있으니 승무원이 다니면서 이어폰도 하나씩 준다. 열차 서비스의 극치를 맛보는 것 같다.

열차가 출발했다.

스웨덴은 북유럽에서도 뛰어난 하

공학의 첨단을 달리는 X2000,
일등칸에는 식사와 함께 무료로 제공되는 미니바가 있다.

이테크 공업국이다. 카메라의 고전인 핫셀 브라드도 스웨덴에서 만들고, 사브 와 볼보 역시 모두 스웨덴에서 만들어내는 작품들이다. 스웨덴에서 만든 X2000 역시 재래선 선로를 달리는데 200km 이상의 속도를 낸다. 기술력의 승리다.

국토의 태반이 숲과 호수인 스웨덴은 9만 개 이상의 호수가 여기저기에 널려 있다. 철도를 건설할 때 숲에서는 쉽게 건설할 수 있지만 호수에서는 문제가 많았다. 철도를 직선화시키려면 철교를 놓아야 하는데 건설비용이 엄청나서 하는 수 없이 호수를 우회하면서 다니도록 철도를 건설했다. 그러다보니 철로에 수많은 커브노선이 생겨났다. 커브를 돌 때 속도가 떨어지는 건 당연지사. 이를 극복하기 위해 스웨덴에서 개발한 것이 X2000이다. 이 열차는 독자 개발에 의한 진자 시스템을 도입했다. 진자식이란 급한 커브를 통과할 때 발생하는 원심력을 감쇄하는, 즉 커브 안쪽으로 차체를 기울여 커브에서도 속도를 떨어트리지 않고 통과할 수 있는 시스템이다.

X2000이 달린다. 역시 스웨덴은 호수가 많은 나라답게 호수들이 끊이지 않고 나타난다. 그 호수 옆을 커브를 틀며 휙휙 달려 나가는데 차체가 기울어져 있어도 거부감이 전혀 없다. 아주 코너링이 좋은 고급 자동차를 타고 가는 느낌이 든다.

승무원이 다니면서 식사를 준다. 비행기 기내식 타입이다. 상추에 파프리가, 치즈, 베이컨, 오렌지 주스 그리고 삶은 계란 한 개를 얇게 썰어놓은 것이 담겨 있고 빵과 과자 중에서 선택, 차와 커피 중에서 선택하도록 되어 있다. 파란 튜브에 빨간 뚜껑이 있는 것을 권하기에 받을까 말까 하고 있는데 여승무원이 계란에 뿌려 먹는 것이라고 설명하면서 먹으라고 권한다. 받고 나서 내용을 보니 캐비어다. 내용물 무게가 12g인데 크기가 튜브형 마데카솔 큰 것 정도다.

이 캐비어는 나중에 승무원에게 이야기를 해서 두 개 더 받았다. 역시 해산물이 넘치는 나라 스웨덴답다. X2000 일등석 객차에는 미니바가 설치되어 있다. 바나나, 사탕, 차, 커피 등을 무료로 가져다 먹을 수 있다. 무한 리필은 아닌 듯 11시 30분쯤 미니바에 가보니 오렌지 주스 외에는 남아있는 것이 없었다. 지금까지 탔던 북유럽의 기차들은 일등칸이 없었는데 X2000에서 처음으로 일등칸의 기쁨을 누리고 있다.

전광판에 나오는 기차의 속도는 177km/h이다. 신문에 나온 스웨덴의 기온은 오늘 최저온도 14도, 최고온도 20도다. 역시 스웨덴은 북쪽이라 여름에도 선선하다. 남부유럽이었다면 더위와 한참을 싸우고 있었을 텐데 북유럽은 선선 그 자체다. 날은 여전히 흐리고 나무와 숲이 계속 이어진다. 민가는 어쩌다 나타나고 민가가 있는 그 옆은 어김없이 너른 밭이다. 창밖에 보이는 경치는 숲과 밭이 대부분이다.

목초지에 방목된 소들이 한 놈도 빠짐없이 앉아있다. 움직일 틈도 없이 빼곡히 서서 식사해야 하는 우리나라 소들과는 달리 저놈들의 뱃속은 편할 것 같다. 다니고 싶으면 다니고 앉고 싶으면 앉고. 순간 겨울의 풍경이 궁금해진다. 해가 떠있는 시간이 불과 몇 시간 안 되는 겨울의 하루라, 생각하면 좀 끔찍하다. 하루에 해가 두세 시간 정도만 나고 나머지는 캄캄한 밤이 지속된다면 정말 답답할 것 같다. 하지만 이 나라 국민들은 태어날 때부터 숙명적으로 맞이하는 자연환경이니 그런대로 잘 적응하면서 버텨내고 있을 것이다.

이곳이 고지대인지 바로 위에 구름이 떠있다. 스톡홀름에 가까이 가면서 날이 개는가 싶더니 다시 비가 온다.

열차가 스톡홀름에 도착하기 전에 점심을 먹는다. 아침은 유스호스텔에서, 새참은 X2000에서 제공하는 식사로 해결했다. 우리가 가지고 있는 먹을거리를 다 꺼내보니 바나나 2개, 오렌지 주스 1개, 프링글스 과자 한 통, 오렌지 1개 그리고 약간의 과자와 초콜릿이다. 점심은 이정도로 해결하기로 했다. 오늘 저녁은 헬싱키로 넘어가는 실야 라인 페리에서 뷔페를 먹기로 예약을 해놓았다. 저녁의 향연을 생각하니 조촐한 점심도 견딜 만하다.

 한국인들이 몰려온다, 노벨 박물관

스톡홀름에 도착했다. 스톡홀름은 세계에서 가장 아름다운 도시 중의 하나로 손꼽힌다. 스웨덴의 관문인 이 도시는 발틱해와 마라렌 호수가 만나는 곳에 14개의 섬으로 이루어져 있다. 자연환경이 깨끗해서 도시 한가운데서도 낚시와 수영을 즐길 수가 있다.

우리는 이곳에 오늘 오후까지 머문다. 오후에 실야 라인이라는 배를 타고 핀란드 헬싱키로 간다. 핀란드에는 내일 아침에 도착하는데 헬싱키를 둘러보고 기차를 타고 투르크로 가서 다시 바이킹 라인을 타고 스톡홀름으로 돌아온다. 그러고 보니 여행도 이제 완전히 후반부에 접어들었다. 오늘이 현지 12일째다.

먼저 스톡홀름의 발상지라고 하는 감라 스탄을 둘러보기로 했다.

지하철을 탔다. 감라 스탄까지는 중앙역에서 한 정거장이다. 걸어가도 충분하지만 중앙역 앞의 거리가 너무 복잡하고 날씨까지 잔뜩 흐려져 있는 것이 언제 비가 쏟아질지 몰라 지하철을 타기로 했다. 우리 가족 네 명의 지하철 요금이 60크로나다. 한 정거장인데 좀 아깝기는 하다. 지하철에서 내려 밖으로 나오니 비가 떨어지고 있다. 큰 비는 아니라 짧은 거리는 그냥 맞고 다닐 만하다. 날씨가 좋게 해달라는 아내의 기도 덕분인가 금세 비가 그쳤다. 이 여세를 몰

아 감라 스탄 대정복에 들어
갔다.

감라 스탄은 스톡홀름의 구
시가지다. 13세기에 요새가
세워지면서 형성되기 시작해
16~18세기에 최대의 번영을
구가했다. 당시에 지어진 건물
이 지금까지도 잘 보존되어 있
다. 이들 건물들은 거의 다 레스

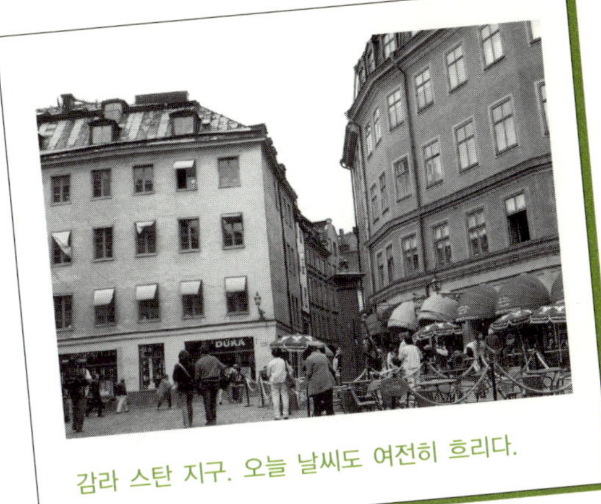
감라 스탄 지구. 오늘 날씨도 여전히 흐리다.

토랑이나 목로주점, 카페, 부티크 등으로 개조되었다. 스웨덴 왕궁과 대성당,
그리고 1776년에 세워진 증권거래소 등도 있는데 증권거래소 맨 위층에는 노
벨상을 뽑는 스웨덴 아카데미 본부가 있다.

대로를 따라가니 독일교회가 나온다. 탑의 높이가 96m나 되는 건물이다.
그런데 왜 이 교회에 독일교회라는 이름이 붙었을까. 이상하게 생각되지만 무
슨 사연이 있겠지. 알면 좋고 몰라
도 좋고.

다음에는 감라 스탄에서 가
장 비좁은 길이라는 곳을 지난
다. 짧은 골목길이다. 여기 식
당에서는 머핀과 함께 나오는
카페라떼가 45크로나에 판매되
고 있다. 주위에 보이는 갤러리
에는 작은 소품들이 놓여 있다.

밤이 되면 많은 젊은이들이 몰

감라 스탄 지구의 가장 좁은 골목길.

려든다는데 지금은 낮이라 그런지 나이 많은 관광객들만이 한가득이다.

이곳은 스톡홀름의 재력가들이 몰려들어 지금은 고급 주택가로 여겨진다고 한다.

오후 1시가 조금 못 되어 왕궁에 도착했다. 기마대가 왕궁 앞에 대기해 있는데 대원들이 파란 제복에 흰색 투구를 썼다. 병사들의 나이가 어려 보인다. 교대의식인지는 잘 모르겠는데 가만히 정지해 있다. 다만 말들은 가만히 있지 못한다. 발장난 하는 녀석, 침을 질질 흘리는 녀석, 참 별 녀석들이 다 있다. 뒤쪽에 대기하던 병사들이 근엄한 표정으로 행군해 가다가 셔틀버스 안으로 들어간다. 들어가자마자 자기들끼리 웃고 수다 떨고 난리다. 저 사람들도 역시 혈기 넘치는 젊은이들이다.

핀란드 교회에 들어서니 아무도 없다. 파이프 오르간이 보인다. 바닥은 나무로 되어 있다. 성경과 찬송가도 비치되어 있다. 아내가 악보를 보더니 작은 소

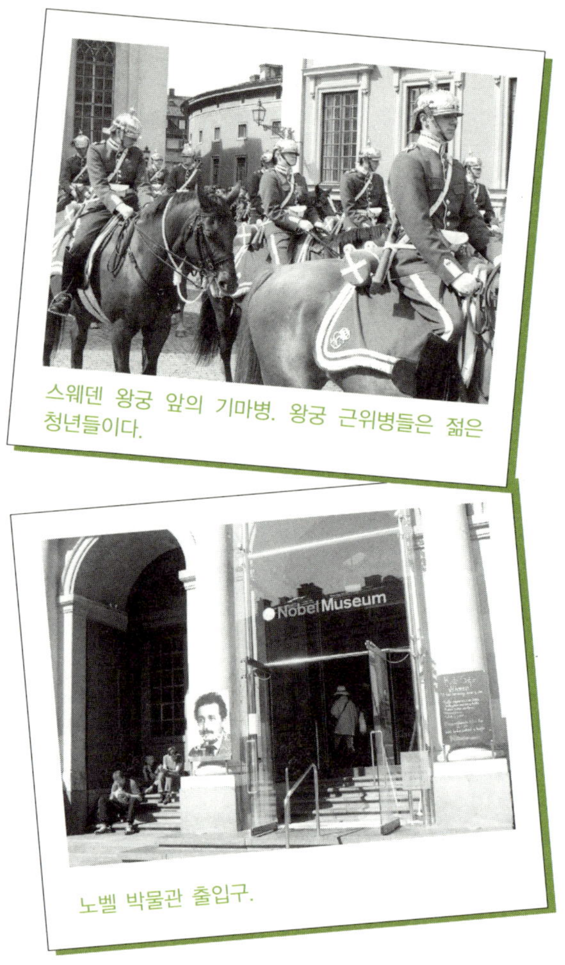

스웨덴 왕궁 앞의 기마병. 왕궁 근위병들은 젊은 청년들이다.

노벨 박물관 출입구.

리로 노래를 부른다. 한 남자가 경건한 표정으로 다가오더니 '쉿' 하는 제스처를 취한다. 동양 여자가 들어와서 우아한 목소리로 노래를 부르면 기특해서 한 번 들어줄 만도 하련만.

노벨 박물관. 입장료를 받는다. 가족 티켓은 120크로나[개인 입장시 성인은 60크로나, 학생은 40크로나, 7세부터 18세까지의 어린이는 20크로나]. 어른과 아이를 포함해서 5명까지는 이 요금으로 입장할 수 있다. 입장료가 좀 아깝기는 했지만 노벨 박물관은 여기에서만 볼 수 있는 것이기에 입장하기로 결정했다.

노벨 박물관은 2001년 노벨상 제정 100주년을 기념해 만들어졌다. 노벨 평화상을 받은 우리나라 김대중 전 대통령의 자료도 전시되어 있다. 김대중 전 대통령이 부인 이희호 여사에게 쓴 편지다. 여기에서는 노벨상 수상자들의 수상소감도 이어폰으로 들을 수 있게 되어 있는데 삼성에서 만든 이어폰이다.

기념관 안의 카페에서 식사를 하는 동양인 가족을 보았다. 직감적으로 한국 사람들임을 알았다. 한국에서 매양 보던 그 옷차림들이다. 눈이 마주친 순간 서로 반갑게 인사를 나누었다. 아마 저 사람들은 후식으로 아이스크림을 먹을지도 모른다. 바로 수상식 만찬회 때 제공된다는 그 아이스크림을.

기념관 바닥에 노벨상 수상 분야를 12개국 언어로 적어놓았는데 한국어도 보인다. 지금은 김대중 전 대통령이 외롭게 이곳에 적을 두고 있지만 머리가 좋은 우리나라 사람들이니 10년이 채 되지 않아 다른 분야에서도 노벨상을 수상하리라는 믿음이 생긴다. 우리 민족은 해낼 수 있다.

사실 한국 사람들은 똑똑한 편이다. 일전에 이스라엘에서 대한민국이 발전하는 모습을 보고 시찰단을 파견한 일이 있었다. 그들은 꼼꼼하게 사회 여러 분야를 둘러보고 우리나라의 교육제도도 관찰했다. 그러나 그들이 내린 결론은 이런 사회 운영 시스템과 교육실정 속에서 대한민국이 발전할 만한 어떤 근본적인 이유를 발견할 수 없었다는 것이다. 결국 그들은 '한국 사람들은 머리가 좋아서 그렇다' 라고 최종결론을 내리고 떠났다. 한국 사람들은 융통성도 뛰어나고 사고 회전도 빠르다. 사회의 여러 분야에서 기본적인 토대가 잡히고 있기 때문에 그 토대를 바탕으로 뭔가를 해낼 것 같은 사람들이 바로 우리 아닌가.

몇 해 전에 어느 국제 연구기관에서 앞으로 21세기에 세계에서 주도적인 역할을 할 4개 국가를 선정했다. 그 중에 우리나라가 들어갔다. 중국은 많은 인구를 꼽았고, 브라질은 방대한 자원을 뽑았다. 한국이 뽑힌 이유는 '깡다구' 라고 표현할 수 있는 국민적인 기질 때문이었다고 한다. 우리는 한국 사람들의 냄비 근성을 말할 때 대개는 부정적안 이미지로 표현한다. 그러나 냄비 근성은 뒤집어 생각해보면 '집중력' 이고 '순발력' 이다. 냄비 근성이라고 하는 것은 '국민적인 가능성' 이다. 단시간에 국민들의 여론을 집결해낼 수 있는, 그리고 그것을 실천에 옮길 수 있는 힘이다.

우리나라의 과학 경쟁력은 외환위기 여파로 세계 28위까지 하락했으나, 2000년 22위로 복귀하고 2003년에는 10위권 안으로 올랐다. 기업연구원 1000명당 특허등록 건수가 세계 1위, 내국인 특허등록 건수가 세계 3위, 해외 취득특허 건수가 세계 10위를 기록해 과학 경쟁력 세계 10위권 진입에 결정적인 변수로 작용하기도 했다. 하지만 젊은이들의 과학기술인력에 대한 관심도는 22위, 지적재산권 보호 정도는 30위권에 머물러 있어 우리나라가 기술선진국으로 도약하기 위해서는 이들 부문의 경쟁력을 강화해야 한다. 어쨌든 한국인들은 세계 속에서 점차 그 모습이 커지고 있다. 과학부문에서도 이제는 한국인들이 노벨상을 탈 때가 가까워 오고 있다.

우리나라는 정말 가능성이 많은 나라다. 올해 1월 골드먼삭스는 보고서에서

2050년이면 한국 1인당 국내총생산(GDP)이 8만 1000달러로 미국을 바짝 추격할 것으로 예측했다. 1인당 국민소득 기준으로 세계 2위의 부국이 된다는 예상이다. 골드먼삭스는 2005년 12월 보고서에도 같은 주장을 한 적이 있다. 한국의 GDP는 현재 8140억 달러로 세계 11위지만 2025년이면 세계 9대 경제 강국으로 부상할 것이라고 예상했다.

골드만삭스는 이번 보고서에서 Next-11이라는 신흥국가들을 제시하면서 여기에 한국과 멕시코, 나이지리아, 베트남, 터키, 필리핀, 이집트, 파키스탄, 이란, 방글라데시를 포함시켰다. 특히 N-11 가운데 경제규모가 1,2위인 한국과 멕시코의 잠재력을 가장 높게 평가했다. 하지만 이런 분석도 앞으로 우리 국민들이 각자 주어진 환경에서 열심히, 현명하게, 정도를 지키며 살아갈 때 타당성이 있을 것 같다.

그리고 한 가지, 지금까지 이번 여행을 통하여 우리 가족의 국적을 밝혀야 할 경우에 '한국'이라고 당당히 말할 수 있었다. 세계가 한국을 보는 이미지는 그리 부정적이지 않다. 나는 한국인인 것이 당당하다.

 # 카르페 디엠

이제 실야 라인을 타러 가야 한다. 실야 라인은 스웨덴의 스톡홀름과 핀란드의 헬싱키를 연결하는 페리다[스톡홀름과 핀란드의 투르크를 연결하는 실야 라인도 있다]. 스웨덴의 수도 스톡홀름에서 핀란드의 수도 헬싱키를 연결하는 교통수단 중 비행기를 빼고는 가장 편리하다.

실야 라인 터미널로 가기 위해서는 중앙역에서 지하철을 타고 가든 역에서 내려야 한다. 이 역은 방송에서 '야덴'으로 발음되기 때문에 조심해서 들어야 한다.

자유 하나. 드디어 실야 라인에 오르다

실야 라인은 스톡홀름과 헬싱키를 연결하는 배가 두 대 있다. 심포니호와 세레나데호. 두 배는 이름은 다르지만 구조는 같다. 아내와 요한이가 우리들이 타게 될 배의 이름을 걸고 내기를 한다. 천원 내기, 가벼운 유희다. 아내는 세레나데호에 걸고 요한이는 심포니호에 걸었다. 저쪽에 배가 보인다. 세레나데호, 아내의 승리다.

이 배는 스톡홀름-오란드-헬싱키를 연결하여 운행하는 배로 58,400그로스톤(배의 크기를 나타내는 톤수, 배의 용적 2.83㎤ 당 1톤으로 표시)의 커다란 배다. 이 배의 길이는 203m고, 승객은 2,860명까지 태울 수가 있다. 승용차도 360대나 실을 수 있는 큰 배로 내부는 13층으로 되어 있다.

터미널에 들어서니 사람들이 별로 없다. 우리가 좀 일찍 도착했다. 여권과 한국에서 받은 바우처를 제시하니 캐빈의 호실이 적힌 승선권과 저녁 뷔페 식사권, 아침 뷔페 식사권을 준다. 저녁 뷔페는 어른이 32유로다. 비싸기는 하다. 하지만 스칸디나비아 3국에서 나오는 모든 해산물을 마음껏 먹을 수 있는 호화뷔페로 먼저 다녀온 사람들의 평판이 좋아서 신청을 했다. 사실 오늘 저녁의 이 성찬을 위해서 우리는 점심을 X2000 안에서 먹는 둥 마는 둥 때우고 지금까지 버텨 왔다. 6세부터 17세까지의 어린이는 1인당 12유로로 싼 편이다. 내일 아침 뷔페는 1인당 요금이 9.5유로인데, 어린이 이용요금은 절반이 조금 넘는 5유로다.

승선권과 식사권을 받고 돌아서니 사람들이 들어오기 시작하는데 금방 줄이 길어졌다. 역시 좀 더 일찍 준비하면 그만큼 편하다. 승선권과 식사권을 식구들에게 보여주니 감격스럽게 쳐다본다. 지난 6개월 동안 거실 식탁의 유리 밑에 두고 매일 보던 실야 라인 페리의 고대하던 저녁 뷔페를 먹는다!

터미널은 화장실을 무료로 이용할 수 있다. 북유럽 역시 화장실 사용 인심이 그리 후하지 않기 때문에 무료 화장실을 보면 감개무량하다.

시간 여유가 있어서 서울과 진주에 전화를 드렸다. 며칠 만에 듣는 부모님 목소리다. 그저 하시는 말씀이 좋은 것 많이 보고 건강하게 돌아오라는 말씀과 매일 우리 가족을 위해 기도하고 계신다는 말씀. 진주 장모님 말씀도 비슷하다. 사실 전화를 드리면서도 좀 죄송하다. 우리 가족만 이곳에 있다는 것이.

지루하게 기다리다 보니 드디어 승선이 시작된다. 오후 4시다. 승선 절차는 간단하다. 그냥 승선권만 보여주면 된다. 짐을 가지고 계단을 올라가는데 캐빈의 층수에 따라서 승선하는 문이 달라진다. 비싸고 고급스러운 캐빈은 위층에 있고, 유레일패스를 사용하여 무료로 받을 수 있는 캐빈은 아래쪽에 있다. 승선하는 순간 승무원이 우리를 보고 잠시 기다리라 하더니 승선 기념사진을 찍어준다. 승선하는 곳은 배의 7층이다.

배가 워낙 크기 때문에 배 안에 거리가 형성되어 있는데 사진에서 보던 그대로다. 일단 우리의 캐빈이 있는 2층으로 가기 위해서 계단을 따라 내려가니 3층에서 끝이다. 2층으로 내려갈 수가 없다. 하는 수 없이 아까 7층으로 다시 올라가서 승무원에게 물어보니 2층으로 가는 엘리베이터가 있는 방향을 알려준다. 배에 승선하자마자 오른쪽으로 가면 끝에 2층까지 내려가는 엘리베이터가 있다.

우리가 2층 캐빈에 있을 때 만약에 이 배에 화재가 나거나 비상사태가 발생하면 어떻게 될까. 2층에서 위로 올라오는 방법은 이 엘리베이터밖에 없어 보이는데 화재가 나서 작동이 중단되면 어찌 되려나. 2층은 배가 바다에 나가 있을 때는 바다 속에 잠기는 부분 같은데. 덜컥 걱정스러워진다. 그렇다고 승무원에게 물어보기도 그렇다. 2층에는 캐빈이 몇 십 개가 있어 몇 백의 사람들이 그 곳에 머무르는데 비상구 구조를 그렇게 하나만 만들지는 않았으리라. 비상계단이 따로 있을 것이라 믿는 수밖에.

2073호. 우리에게 주어진 객실이다. 문을 열고 들어가니 침대 두 개가 놓여 있고 나머지 침대 두 개는 그 위에 접힌 채 벽에 걸려 있다. 화장실도 따로 있고 그 안에서 샤워도 할 수 있다. 한 가지 아쉬운 점은 방음이 잘 안 되어 옆 객실에서 떠드는 소리가 그대로 다 전달이 된다는 점이다.

짐을 대충 부려 놓고 일단 위로 다시 나갔다. 12층 데크에 가니 사람들이 의자에 앉아 발트해의 바람을 즐기고 있다. 12층에는 사우나 시설이 되어 있는데 1시간당 이용요금이 어른이 8유로, 어린이는 그 반값이다. 밑의 층에는 영화관도 있나. 불론 공짜는 아니다. 7층 거리에는 양 옆으로 가게들이 늘어서 있다. 여러 개의 식당과 바, 옷 가게 등.

6층에 있는 뷔페에 들어섰다. 아까 받은 식권을 내밀었더니 옆에 있는 부스에서 확인을 받으라고 한다. 옆의 부스에서 식권을 보여주었더니 승선권을 보여 달라고 한다. 승선권을 보여주니 17시 뷔페 예약이 안 되어 있다고 하면서 우리의 인원수를 묻고 체크한 뒤에 좌석권을 준다. 일종의 자리배정이다.

좌석권에 표시된 것으로 보면 구석 자리인데 막상 가보니 창가 자리다. 음식이 진열된 곳으로부터 멀리 떨어져 있어 번잡하지도 않고 바다 풍경을 보면서 식사를 할 수 있는 명당이다. 커다란 창문을 통하여 바다가 내려다보인다.

멋있게 생긴 웨이터가 우리에게 다가온다. 와인 두 병을 들고 보여주기에 'Free?' 하고 물으니 그렇다는 대답이다. 레드 와인을 선택했다. 와인 두 잔을 따라 주는데 요한이가 'Me too' 하고 말하니 귀엽다고 머리를 쓰다듬는다. 반쯤 남은 병을 우리 자리에 놓아주고 가는데 칠레산 와인이다.

오늘 같은 날은 참 행복하다. 카르페 디엠(Carpe diem)이다. 카르페 디엠, 우리 말로 '현재를 즐기자, 삶을 즐겨라' 로 번역되는 라틴어다. 영화 〈죽은 시인의 사회〉에서 키팅 선생이 학생들에게 외치면서 더욱 유명해진 말이다. 영화에서는 전통과 규율에 도전하는 청소년들의 자유정신을 상징하는 말로 쓰였다. 사치나 향락에 빠져 인생을 낭비하지 말고, 아무리 어렵고 힘든 일상이라 할지라도 즐겁고 긍정적인 자세로 살아간다는 의미를 내포하고 있다.

세상을 살아가기가 그리 녹록치는 않지만 오늘은 즐거운 날이다. 유럽의 한복판, 지도상으로만 보던 발트해를 항해하고 있다. 그리고 이렇게 분위기를 돋우어주는 와인도 내 앞에 놓여 있고, 산해진미의 음식이 저쪽에서 나의 왕림을 기다려주고 있으니 이 어찌 아니 기쁘겠는가.

그런데 가만 보니 우리만 레드 와인이고 다른 테이블은 다 화이트 와인이다. 레드 와인은 육류 음식에 잘 어울리고 화이트 와인은 해산물 음식에 잘 어울린

The Silja Line

실야 라인 세레나데호.

실야 라인 수속 밟는 곳. 시간이 임박할수록 줄이 길어
진다.

실야 라인의 4인실 캐빈.

실야 라인 탑승구. 들어서면 사진을 찍어준다.

배 안에 이런 거리가 형성되어 있다.

저녁 뷔페는 스칸디나비아 3국에서 생산
되는 모든 해산물의 집결지다.

다. 이 사실은 작년 방송통신대 관광학과 2학기 강의를 들을 때 '서비스 매너' 강좌에서 배웠는데, 그냥 얼떨결에 레드 와인이라고 한 것이다. 하지만 이것은 별로 중요하지 않다. 어차피 나는 와인도 써서 잘 못 마신다. 아내도 술하고는 거리가 멀다. 와인은 기분을 돋우는데 그 의미가 있는 것이지 맛을 즐기기 위한 것은 아니다.

배가 출발한다. 천천히 바다를 미끄러져 가는데 한눈에 바깥 경치가 들어온다. 스톡홀름 해안 지역은 다도해 지역이다. 섬들이 점처럼 흩어져 있다. 이곳은 스웨덴 사람들의 여름 휴양지로 인기를 끌고 있다. 섬마다 여름 별장들이 자리를 차지하고 있다. 창밖으로 보이는 작은 섬들에 세워진 그림 같은 집들은 다 별장이다.

음식들을 먼저 둘러본다. 역시 뷔페는 탐색전을 펼치는 일이 중요하다. 새우와 훈제 연어가 우선 눈에 띄고 캐비어도 지천으로 쌓여 있다. 불고기도 보인다. 양식으로만 차렸는데도 종류가 많고 특히 해산물 쪽이 강세인 것 같다. 이 뷔페의 어른 요금은 32유로, 어린이 요금은 12유로다. 우리나라 돈으로 어른은 4만원 정도이고 어린이는 만 오천원 정도이다. 싼 음식은 아니다. 그러나 이런 수준의 뷔페를 우리나라에서 이 가격에 먹기란 쉽지 않다. 특히 어린이는 여기에서 17세까지로 분류된다. 우리나라에서 고등학생이 만 오천 원이 못되

는 가격에 이런 뷔페를 먹기는 힘들다.

아이들은 오렌지 주스를 가져오고 나는 사과 주스를 한 잔 가져왔다. 두 번째로 출동한 요섭이가 밥도 가져왔다. 쌀을 보니 우리나라에서 먹는 자포니카 종이 아니고 안남미라 불리는 인도종이다. 다시 한 번 주위를 둘러보니 우리 자리가 최고로 좋은 자리인 것 같다. 시끄럽지도 않고 조용히 창밖을 내다보며 분위기 내며 먹을 수 있는 밝은 장소다. 뷔페의 가운데 자리는 좀 어둡다.

커피를 한 잔 가져오는데 아내가 어떤 남자와 이야기를 나누고 있다. 아내가 말하기를 그 사람은 에스토니아에서 가족을 데리고 여행 온 사람이라고 한다. 에스토니아라면 옛 소련연방에 편입되어 있다가 독립한 국가 아닌가. 가서 인사를 나누고 왔다. 동구권 사람이라서 표정이 좀 딱딱했다.

출항 후 한 시간 반이 지났는데도 배는 여전히 섬과 섬 사이를 빠져나가고 있다. 조금 후에 아까 그 남자가 우리 자리로 왔다. 지도를 그려서 에스토니아가 어디에 있다는 것을 알려주더니 이런 여행을 하려면 우리나라에서는 얼마간 일을 해야 되냐고 묻는다. 우리 여행 경비 1,300만원을 이야기하고 현재 미국 달러가 1달러에 900원 정도라 말했더니 고개를 끄덕인다. 삼성과 LG가 우리나라 기업이라고 말을 하고 우리나라가 컴퓨터 강국이라고 했더니 자기네 나라에서도 한국 제품과 중국 제품이 많이 팔리고 있다고 한다.

자유 셋. 배 안에 자유의 거리가 있다

7층에 올라가니 아까 승선할 때 찍은 사진이 나와 있다. 가족 단체사진과 개인별 사진이다. 사진이 아주 선명하다. 아날로그 사진기의 지존인 핫셀 브라드가 스웨덴 제품인데 그 사진기로 찍었나보다. 단지 요한이의 눈이 살짝 감겨있다는 것을 빼고는. 탑승객 중 어린이 사진은 다른 쪽에 게시되어 있다. 사진은 가족 사진과 개인 사진을 더해서 40유로에 판매되고 있다. 거의 5만원이 되는 가격이라 구입하지 않기로 했다. 사진을 사는 사람도 있고 사지 않는 사람도 있고 구입은 자유다. 그런데 저렇게 찍어서 사람들이 찾지 않으면 남는 사진은 어쩌나 하는 생각이 든다. 우리가 찍어달라고 한 사진도 아니고 그 사람들이 우리가 승선할 때 잠시 멈추게 하고 찍어준 사진이라 우리가 찾을 의무는 없지만 우리 대신이라도 다른 사람들이 사진을 많이 찾았으면 하는 생각이 든다.

배 안의 거리를 다녀본다. 오락실도 있고, 다양한 식당도 있다. 저녁 뷔페를 신청하지 않은 사람들이 식당에서 취향에 맞추어 식사를 하고 있다. 뷔페보다는 싼 가격이고 육지보다 조금 비싼 느낌이지만 분위기를 생각하면 먹어볼 만할 것 같다.

옷 가게에 들어갔다. 맘에 드는 가디건이 가격도 적당하여 하나 샀다. 유럽 여행을 기념할만한 것이 없던 차에 기분 좋은 구입이었다. 유럽 여행 기념품에 대해서는 더 이상 여한이 없다.

옷을 계산하려는데 계산 테이블에 한글로 '일단 구입하는 상품의 교환 및 반환은 불가합니다. 협조 감사드립니다' 라고 크게 쓰여 있다. 영어로도, 일본어로도, 중국어로도 쓰여 있지 않은데 오직 한글로만 안내하고 있다. 이 말이 여기 적혀 있기까지의 사연이 짐작이 갔다. 여러 한국 사람이 여기에서 물건을 샀다가 다시 환불이나 교환을 하러 왔나보다. 좀 창피하다.

아이들이 오락을 하고 싶은 모양이다. 큰 배에서 만난 오락실이니 얼마나 해보고 싶을까. 몇 유로를 주고 오락을 하도록 했다. 목이 말라서 2층의 방에 가서 물을 가지고 오니 어느새 요한이가 친구를 한 명 사귀었다. 둘이 열심히 게임을 한다. 납작한 원판을 상대방 골에 많이 넣으면 이기는 게임으로 2인용이다. 그 아이의 아버지는 스웨덴 사람이고 어머니는 스리랑카 사람이다. 서로 메일도 주고받고, 내일 아침 다시 만나자고 이야기를 하고 헤어졌다. 내일 아침 일찍 요한이가 그 방에 전화를 하기로 했는데 글쎄 과연 그렇게 여유가 있을까 의문이다.

배 안에 있는 거리는 완전히 서울 명동 거리와 맞먹는다. 배에 승선한 사람들이 한 번씩은 다 와서 놀다 간다.

면세점에 들어갔다. 스웨덴과 핀란드의 많은 젊은이들이 이 배를 타는데 그 이유는 바로 이 면세점 때문이다. 술을 면세로 살 수 있는데 이곳에서 많은 술을 사고 그 중에 꽤 많은 양을 또 이 배에서 소비한다고 한다. 초콜릿도 있다. 스위스에서 만든, 크기가 400g인 초콜릿인데 면세이다 보니 가격도 스위스 현지에서 사는 것과 별반 차이가 없다. 한 개에 400g이다 보니 무게가 너무 많이 나가서 사지 않았다. 면세점에서는 밤에 마실 물만 두 병 사가지고 나왔다.

7층 엘리베이터 앞에 있는 소파에서 잠시 쉬었다. 여전히 많은 사람들이 거리를 다니며 큰 유람선의 분위기를 즐기고 있다. 이 배에 탄 사람들은 모두가 즐거운 것 같다. 우리도 즐겁고 당신들도 즐겁고.

스웨덴에서의 비용 405,161원		〈단위: 스웨덴 크로나〉	
린넨	200(27,600원)	간식	73.5(10,143원)
저녁 식사	273(37,674원)	트램	60(8,280원)
아침 식사 신청	195(26,910원)	숙박비	61,460원
코인로커	40(5,520원)	지하철	180(3회)(24,840원)
노벨 박물관	120(16,560원)	캐빈 및 아침, 저녁 식사	174,936원
오락	7유로(8,939원)	물	1.8유로(2,299원)

유럽의 고속철, 그 네 번째 경험
스웨덴의 X2000

X2000
스웨덴 예테보리에서 스톡홀름까지

독일에 ICE가 있고 프랑스에 TGV가 있다면 스웨덴에는 X2000이 있다. 이는 스웨덴의 주요도시를 연결하는 고속열차다.

1991년 스웨덴은 스톡홀름-요테보르간 450km 노선에 틸팅열차 X2000을 도입하였다. 코너링에 강한 틸팅장치를 통해 최고 운행속도는 시속 200km가 되었고, 운행시간도 기존의 4시간에서 3시간으로 당겨져 항공기와의 경쟁력을 확보하게 되었다.

X2000의 기술은 10여년 이상의 운영경험으로 안전성이 입증된 독자적인 진자식 기술이다. 또한 열, 추위, 먼지, 습기, 눈, 동결 등 환경에 크게 구애받지 않기 때문에 신뢰성과 안전성이 뛰어나다.

스웨덴의 다른 열차와 마찬가지로 X2000에도 자동제어장치가 탑재되어 있다. 또한 -30℃까지 떨어지는 스웨덴의 겨울 추위를 견딜 수 있도록 제작되어, 열차가 시속 175km로 달릴 때 외부 온도 -40℃에서도 차체 내부 온도는 +20℃를 유지할 수 있다.

FINLAND
& SWEDEN

# 핀란드는 강대국이다

아내가 새벽 5시에 방을 나간다. 발트해의 일출을 보기 위함이다. 나는 잠을 자느라 아내가 나가는지도 몰랐다. 배가 아주 커서 그런지 흔들림을 거의 느끼지 못하고 잠을 잤다. 방이 조금 좁다는 것을 제외하고는 유스호스텔과 별반 다른 점을 못 느끼겠다. 아니 방 안에 화장실이 있어 오히려 더 편하게 느껴진다.

아침 식사를 하러 다시 올라갔다. 어젯밤의 흥청거림은 사라지고 텅 빈 거리가 좀 허전해 보인다. Buffet Serenade. 음식 수준이 높다. 어젯밤 식사와 비길 것은 못 되지만 지금까지 우리가 보냈던 호텔의 아침 식사 수준보다 높다. 영국의 구오만 호텔과 노르웨이의 그리그 호텔은 물론 제외하고. 뷔페 요금이 9.5유로고 어린이는 5유로라 우리 가족 네 명의 아침 식사 요금은 29유로다. 충분한 값어치를 하고도 남는다. 유럽의 어디에 가도 이 돈으로 이 정도의 음식을 먹을 수가 없다. 아침은 사람들이 오는 대로 먹고 나가서인지 자리가 비교적 넉넉하다. 어제 우리가 먹던 창가로 가서 식사를 했다.

9시 30분에 하선 예정이다. 이 시간은 핀란드 시간이다. 어제 스톡홀름에서 헬싱키로 오면서 한 시간 빨라졌다. 12층 데크에 올라가서 헬싱키의 전경을 둘러보았다. 어제 많은 사람이 소요하던 이곳도 아침에는 한가하다.

하선이 시작되었다. 실야 라인. 하룻밤 재미있게 잘 보냈다. 내리는데 별로 아쉬움이 없다. 오늘 저녁은 다시 바이킹 라인을 타기 때문이다. 하선하는데 여권 검사도 하지 않는다. 승선하면서 이미 우리의 기록이 다 전산처리가 되었기 때문이다.

이제 핀란드다. 이번 여행의 마지막 나라, 아쉽게도 관광일정은 짧다. 오후에는 다시 스웨덴으로 돌아가야 한다.

핀란드. 이 나라는 유럽 변방에 있는 작은 나라가 결코 아니다. 1990년대 초반에 IMF를 겪었지만 21세기 들어 세계경제포럼(WEF)이 발표하는 국가경쟁력 순서에서 매년 1~2위를 다투고 연간 1인당 국민소득이 3만 달러가 넘는다. 2006년 이 나라의 부패인식지수가 세계 1위를 기록했고, 언론자유지수도 세계 1위를 기록했다. 게다가 OECD 가입 국가 중에서 교육경쟁력이 1위이다.

이 나라는 41개국 15세 학생 학업성취도 조사에서 유일하게 한국을 앞서고 있다. 국가경쟁력 지수에서 맥없이 29위로 주저앉은 우리나라와 달리 핀란드는 2001년부터 계속하여 1등을 차지하고 있다[2006년 2위]. ‘세계 최고의 경쟁력을 갖춘 비결은 바로 교육’ 이라고 대통령이 공표한 핀란드의 교육투자는 교육비가 공공지출 총액의 14%, 국민총생산(GNP)의 7.2%를 차지한다. 이는 OECD 중 최고 수준이다. 무엇보다 주목할만한 점은 수도인 헬싱키나 지방이나 교육의 수준이 같다는 점이다.

핀란드어는 한국어, 몽골어 등과 같은 ‘우랄 알타이어족’ 이다. 다시 말하면 우리와 마찬가지로 ‘인도 유럽어족’ 인 영어와는 어순이나 문법에서 큰 차이가 있다. 그러나 핀란드 사람들은 영어를 잘 한다. 어느 누구와도 영어로 의사소통을 하는 데 문제가 없다. 그 비결을 그들은 ‘학교에서 잘 가르친다’ 는 한 마디로 정리한다. 핀란드의 어학 교육은 우리나라가 본받을 만하다. 핀란드는 강대국이다.

핀란드는 산타 마을이 유명하다. 산타 마을이 있는 로바니에미는 북쪽의 라플란드 지방에 위치해 있다. 라플란드 지방은 상공에 오로라가 춤추는 극한의 땅이다. 산타 마을은 세계 여러 곳에 있지만 핀란드의 로바니에미를 따라오지 못한다. 1927년 핀란드 라디오에서 '산타는 핀란드의 로바니에미 마을에 있는 코르바툰 투리 산에 산다'는 소문을 퍼트리며 명실공히 산타 마을의 본사로 자리 잡게 되었다. 그 덕분에 이곳 산타 마을은 일 년 내내 세계 어린이들이 보내는 편지로 넘쳐난다. '핀란드의 산타클로스 할아버지께'라는 주소만 적어도 모두 이곳으로 편지가 배달된다. 이렇게 배달된 편지의 답장은 산타 마을의 명소인 한 작은 우체국에서 관할하고 있다. 답장에는 산타할아버지의 인자한 모습과 기념 스탬프가 찍혀 있다.

처음 핀란드에 이틀을 머물 계획을 짤 때 이곳에 가보려고 했으나 금방 계획을 접어야 했다. 헬싱키에서 기차를 타면 9시간이 걸리는 데다 항공편을 이용하기에는 비용이 너무 컸다.

헬싱키 거리에서 핀란드에 눈뜨다

터미널 안에 헬싱키를 둘러보는데 도움이 될 관광안내지가 몇 개 있다. 이 중에 유용한 것은 헬싱키 시내를 다니는 3T 트램의 노선도다. 3T 트램은 헬싱키 시내를 도는 순환선이다.

우리는 헬싱키를 종일 둘러볼 수 있는 One Day Ticket을 끊었다. 1인당 요금이 6유로인데 어린이는 절반 가격이다. 이미 노르웨이에서 북유럽 물가에 대한 홍역을 치렀기 때문일까. 핀란드도 물가가 싸게 느껴진다. 티켓은 구입할 때 시간이 찍혀 나온다. 24시간용이다. 헬싱키에서 대중교통을 24시간 내내 타고 7,200원 정도다.

헬싱키 중앙역에서 코인로커를 찾았다. 네 개의 배낭을 모두 집어넣는데 비용이 3유로다. 역의 화장실은 역시 유료였다. 한 번 들어가는데 1유로를 내는데 요섭이가 화장실에 간다고 해서 1유로를 주었다. 요섭이가 나오면서 문을 열기에 얼른 열린 문으로 들어갔다. 얌체 짓이다. 하지만 아무도 보는 사람이 없다. 사람이 어찌 항상 정직하게만 살겠는가. 가끔은 이런 재미도 있어야지.

3T 트램을 탔는데 어디인지 모르게 막 돌고 있다. 이럴 때는 얼른 주위의 승객에게 물어보아야 하지만 이제는 묻기도 귀찮아 그냥 간다. 유유히 헬싱키 트램 투어를 하고 있다고 생각하면서. 도시의 분위기가 북유럽을 다니면서 보던 노르웨이나 스웨덴과는 좀 다르다.

우스펜스키 사원이 보이자 내렸다. 이 사원은 붉은 벽돌로 지은 사원이다. 1868년 러시아 점령기에 완성된 북유럽 최대의 러시아 정교 교회로, 비잔틴 슬라브 양식을 따라 건축되었다. 붉은 색 벽돌 건물과 청회색 지붕, 황금색의 첨탑이 볼만한데 벽에는 성화로 그리스도와 12제자가 그려져 있다. 사원의 내부에 들어서니 사진촬영은 금지되어 있다. 모자도 벗어야 하고 관람이 엄격하게 통제된다.

우스펜스키 사원에서 나오니 금방 마켓 광장이다. 이 광장은 나중에 보기로 하고 안쪽의 헬싱키 대성당에 올라갔다. 헬싱키 대성당은 루터파의 본산으로 30년의 세월을 거쳐 1852년에 완성되었다. 핀란드는 루터파 교인이 국민의 대다수를 차지한다.

오늘은 날씨가 참 좋다. 정말로 파란 하늘이다. 파란 하늘에 대비되는 흰색의 우뚝 솟은 성당이 참 대단해 보인다. 성당 안에 들어가니 파이프 오르간이 눈에 띈다. 누가 파이프 오르간을 연주하고 있는지 오르간 소리가 들린다. 의

헬싱키가 다가오고 있다. 우스펜스키 사원이 보인다.

헬싱키 대성당. 날씨는 참 좋았다. 파란 하늘이다.

자에 가만히 앉았다.

이제 우리의 여행도 막바지로 달려가고 있다. 여행 자체는 오늘과 내일이면 끝이고, 모레는 한국으로 돌아가는 행정적인 절차만 남는다.

밖으로 나와 원로원 광장이 내려다보이는 계단에 섰다. 햇살이 참 따갑다. 원로원 광장에는 러시아 황제 알렉산드로 2세의 동상이 서있다. 핀란드의 입장에서는 러시아가 침략국이다. 러시아 황제의 동상이 있으면 없애려 할 것 같은데 이 나라 사람들은 동상 주위에 꽃까지 심고 잘 돌보고 있다.

이 나라 사람들은 우리가 일본 대하듯이 러시아를 대하지 않는다. 나름대로 러시아가 나라의 발전에 일조를 했음을 인정한다. 알렉산드로 2세가 비록 핀란드를 점령한 군주였지만 오늘날 핀란드에 민주주의를 확립한 주인공이었음 또한 인정한다. 러시아에서 농노를 해방시킨 알렉산드로 2세는 러시아에도 없던 의회를 식민지인 핀란드에 허용해 자치권을 보장해줬고, 핀란드어를 공식

언어로 인정해주었다. 게다가 현실적으로 동상을 허물어 이웃 강대국인 러시
아를 불필요하게 자극할 필요가 없다는 핀란드식 실용주의도 작용했다.

이곳 원로원 광장은 2005년 열린 제10회 세계육상선수권대회의 마라톤 종
목 출발지였다. 대회 조직위원회는 마라톤 코스를 결정하면서 기록보다는 헬
싱키 시내의 홍보를 우선했다.

원로원 광장을 나와서 마켓 광장으로 내려갔다. 일명 카우파토리 광장이라
고도 불리는 이곳에서는 과일과 채소를 잔뜩 쌓아놓은 화려한 색채의 노점 천
막들을 구경할 수 있다. 현지인의 생활을 엿볼 수 있는 재래시장으로도 알려져
있다. 시장을 둘러본다. 혹시나 막판에 건질만한 무언가가 없을까.

점심을 노천 시장에서 먹기로 했다. 천막 식당에 사람들이 식사를 하고 있
다. 입간판에 나와 있는 음식 사진을 보니 생선도 들어가 있고 양도 제법 되어
보이는 것들이 몇 가지 있다. 음식에 스프 하나 탄산음료 한 병을 함께 주문했
다. 장어 튀긴 것과 샐러드, 알새우 튀긴 것과 샐러드, 동태 같은 것을 튀긴 것
과 샐러드가 나왔다. 스프는 약간 붉은 색인데 전체적으로 우리나라 음식과 간
이 비슷하여 먹을 만하다. 음식 값은 21.5유로. 오늘 점심도 푸짐했다. 양과
맛, 가격 면에서 두루 만족스럽다.

식사하는 곳 바로 옆에 어떤 아저씨가 아코디언을 연주한다. 곡명은 〈홍하
의 골짜기〉. '정든 이 계곡을 떠나가는 그대의 그리운 그 얼굴'로 시작하는 노
래로 중고등학교 시절 뭔지 모를 그리움을 내 가슴 속에 심어주었다. 1860년
대에 메티스 반란군을 격퇴하기 위해 캐나다 매니토바에 파견된 영국군대로부
터 유래되어, 군에 간 애인을 둔 여인들 사이에서 유행하며 당시 육군 방송의
전파를 많이 탔다. 나도 고등학교, 대학교 시절에 이 노래를 좋아했다. 전혀
기대하지도 않던 곳에서 그리운 시절의 노래를 들을 수 있다는 것은 행복한 일
이다.

아이들이 유로화 동전 남은 것을 그 아저씨에게 준다. 자그마치 1.69유로다. 우리, 거액 썼다.

시벨리우스 공원에서의 골프 시합

오후 일정은 시벨리우스 공원 탐방이다. 지금까지 우리 여행의 가이드 역할을 하던 요한이가 이제 지쳐서 내가 선두로 나섰다. 그동안 요한이가 참 수고를 많이 했다. 항상 지도를 보면서 길을 연구했고 목적지에 도달해서는 간단한 설명까지 추가하며 맡은 바 역할을 톡톡히 해냈다.

트램에서 내렸다. 상세한 헬싱키의 지도가 있어 이제는 지도를 보면서 시벨리우스 공원을 찾아갈 수 있다. 공원 가는 길. 8월 중순인데도 낙엽이 조금씩 떨어져 있고 가을의 풍경이 곳곳에서 엿보인다. 자작나무들 옆으로 놓여 있는 벤치들이 공원임을 뚜렷이 나타낸다.

바로 앞에 핀란드 만이 전개되고 있다. 바닷가에서 조깅을 하는 사람들이 눈에 띈다. 공원은 시가지 북서쪽 요트항에 면해 있는데, 모든 투어에 이곳이 포함되어

시벨리우스는 핀란드의 어려운 시기에
〈핀란디아〉를 작곡하여 시민들을 위로했다.

있을 정도로 이제는 명소가 되
었다. 이제 나도 쉬는 게 최고
다. 지쳤나보다. 여기까지 가
족들을 잘 데리고 왔다는 것
에 만족하고 그냥 벤치에 앉
았다.

시벨리우스 공원은 핀란
드에 대한 조국애가 담긴
교향시 〈핀란디아〉를 작곡

한 세계적 작곡가 얀 시벨리우스의 업적을 기리기
위해 조성됐다. 이 공원 안에는 24톤의 강철을 이용해 1967년 에일라 힐투넨
에 의해 만들어진 파이프 오르간 모양의 시벨리우스 기념비와 시벨리우스 두
상이 있다.

〈핀란디아〉는 시벨리우스가 34세 때 헬싱키에서 열린 애국적 모임을 위해
쓴 곡으로, 당시에는 ‘핀란드는 눈뜨다’ 라는 제목이 붙어있었다. 러시아의 속
국으로 탄압 받던 조국 핀란드에 대한 애국적 찬가이며 핀란드 고유의 민속 선
율과 리듬을 사용하여 나라를 사랑하는 마음을 고취시킨다. 핀란드 독립운동
당시 러시아 정부로부터 연주 금지를 당하기도 했다. 요한이와 아내는 파이프
오르간 기념비를 찾아가서 사진을 찍고 왔다.

공원 앞쪽 바다에 면한 곳에 화장실이 있는데 오로지 0.5유로짜리 동전만
사용할 수 있다. 아까 마켓 광장의 악사에게 모든 동전을 기부한지라 동전이
없다. 가지고 있는 것은 지폐뿐이다. 하는 수 없이 아까 공원에 들어올 때 보았
던 미니골프장으로 동전을 구하러 갔다. 견물생심이라고 요한이가 골프를 치
고 싶어한다.

18개의 홀이 세트로 만들어져 있는데 어린이는 이용요금이 2유로, 청소년은 3.5유로, 어른은 5유로다. 신청했더니 골프채와 타수 먹이는 종이를 준다. 화장실 이용 겸 시벨리우스 공원을 둘러보고 오니 요섭이도 골프를 치고 싶어한다. 요섭이와 요한이에게 시합을 붙였다. 아이들이 아빠도 합류하라고 권한다. 삼부자가 같이 골프 한 게임 하면 얼마나 좋을까. 그것도 바다에 인접한 공원에서. 하지만 지금은 골프보다는 벤치에 앉아서 북유럽의 바다에서 불어오는 시원한 바람을 맞는 것이 더 좋다. 그리고 공원에 아내만 혼자 두고 오래 자리를 비울 수는 없다.

벤치에 다시 앉았다. 바다의 모습이 참 평안해 보인다. 자전거를 탄 한 무리의 사람들이 바닷가 도로를 지나간다. 아이들의 골프 시합이 길어지고 있다. 잠이 온다. 바로 앞에서는 비둘기들이 땅에 떨어져 있는 먹이를 주워 먹고 있다. 아이들 골프 덕분에 한 자리 앉아 쉬어보는 천금 같은 시간이다. 드디어 아이들이 골프 시합을 마치고 왔다.

이제 다시 기차역으로 돌아가야 한다. 완연한 가을의 정취를 느끼며 아까 온 길을 천천히 걸어간다. 두 노부부가 팔장을 끼고 공원을 산책하고 있다. 나이를 먹어서 저렇게 다정하게 걸으려면 젊었을 때부터 상당한 내공을 들여야 하는데, 과연 우리 부부도 나이 먹어서 저런 모습을 보일 수 있을까.

틸팅열차 펜돌리노, 코너링도 문제없다

투르크로 가는 펜돌리노 열차가 11번 트랙으로 들어왔다. 펜돌리노는 핀란드의 고속열차다. 이 열차는 틸팅열차다. 틸팅(tilting)은 '기울인다' 는 뜻으로 말 그대로 기울어지는 열차다. 고속으로 움직이는 물체는 커브를 돌 때 바깥쪽으로 쏠리는 힘, 즉 원심력을 받는데 이때 속도를 그대로 유지하면 바깥쪽으로 튕겨나가 열차는 바로 탈선하게 된다. 그렇기 때문에 커브에서 속도를 줄일 수밖에 없다. 단순하게만 보자면 속도와 안전성을 동시에 획득하기란 어렵다.

그러나 쇼트트랙 선수들은 코너를 돌 때 금방이라도 넘어질 듯 몸을 기울인다. 이 때 코너 바깥쪽으로 향하는 원심력과 아래로 향하는 중력의 합력이 빙판에 비스듬하게 작용한다. 선수들이 이 각도만큼 몸을 기울이면 선수 자신은 속도를 유지하면서도 넘어지지 않을 수 있다.

틸팅열차는 바로 이 원리를 이용한 것이다. 열차에 있는 두 가지 센서가 곡선 철로를 감지하고, 위성 위치 확인 시스템(GPS)에서 철로의 위치 데이터를 전송받고 제어장치가 받아들인 정보를 분석하여 차체를 기울일 각도를 계산한다. 이렇게 계산된 각도로 차체 바깥쪽을 들어올려 열차는 곡선 철로에서도 속도를 유지하면서 탈선하지 않는다. 승객의 몸도 열차와 함께 기울어지지만 넘어지지 않는다. 쇼트트랙 경기와 같은 이치다. 이 원리로 틸팅열차는 시속 200km까지 낼 수 있다고 한다.

이 열차는 고속열차임에도 불구하고 예약이 필요 없었다. 일등칸으로 들어갔다. 'PENDOLINO BUSINESS' 좌석이다. 일등석이라 그런지 미니바도 있어 마시는 음료와 과자가 준비되어 있다. 전체

핀란드의 고속열차인 펜돌리노는 틸팅열차다.

적으로 X-2000과 분위기가 비슷하다. 좌석 오른쪽에 있는 길쭉한 고리 앞부분을 밑으로 누르고 의자를 뒤로 밀면 의자가 뒤로 젖혀진다.

열차가 출발했다. 너른 밀밭이 나타나고 간혹 옥수수밭도 보인다. 어딘지 모르게 우리나라의 농촌 풍경과 흡사하다. 식구들은 모두 곯아떨어졌다. 낮은 구릉지대가 이어진다. 비가 오락가락한다. 지금 열차의 최고시속은 196km. 종착역을 5분 남기고 식구들이 전열을 가다듬기 시작했다.

창밖으로 우리가 타고 있는 펜돌리노 기차가 비친다. 빨간 띠를 두른 미색의 열차가 멋있다. 우리나라 열차도 지금보다 더 다양했으면 좋겠다. 투르크 시가지에 접어들었다. 핀란드에서 헬싱키만 보고 떠나기 아쉬웠는데 이렇게 두 시간이나마 핀란드의 풍경을 접해본 것이 참 계획을 잘 짰다 싶다. 지금까지 우리는 거의 그 나라의 수도만 찍고 다녔지만 열차를 통해 그 나라의 모습을 많이 보았다고 생각한다.

 이제 바이킹 라인이다

투르크. 비가 쏟아진다. 모자를 눌러 쓰고 역사로 뛰었다. 안내소를 통해 바이킹 라인 터미널을 물어보니 20시가 넘어야 터미널로 가는 기차가 있다고 한다. 버스로는 1번 버스를 타면 되고 택시는 여기서부터 거리가 3km 정도 되는데 요금은 잘 모르겠다고 한다. 버스를 타려고 역 앞에 나왔는데 아무리 찾아도 버스 타는 곳이 보이지 않는다. 하는 수 없이 택시를 타기로 했다. 역 앞에 있는 택시정류장에서 택시를 기다리는데 택시가 잘 들어오지 않는다. 몇 분 기다려 택시가 들어왔다. 요금은 4.7유로부터 시작된다. 터미널에 거의 도착하니 9.9

유로가 나와 있다. 택시 기사가 그냥 10유로를 받으려는지 미터기를 멈춘다. 동양에서 온 손님들에 대한 배려인 것도 같다. 고마워서 11유로를 드렸다.

터미널. 한국에서 받았던 바우처를 내밀고 티켓을 받았다. 방 번호는 6312호다. 어른은 승선권과 아침식사권이 붙어있고, 아이들은 분리되어 있다. 저녁식사권은 한 장으로 되어 있다.

어제 탄 실야 라인은 예약비만 받는 가장 낮은 층을 예약했었지만 이 바이킹 라인은 비용을 좀 더 지불하고 Seaside 객실로 예약했다. 아침 뷔페 식사와 아울러 스칸디나비아 반도의 모든 해산물을 맛볼 수 있다는 저녁 뷔페 역시 예약했다. 기왕 먹는 최고의 저녁을 한 번으로 끝낼 것이 아니고 연달아 먹는 즐거움을 누리자는 취지였다.

터미널에서 배가 들어오기를 기다리고 있다. 바다 한가운데 떠있던 바이킹 라인 이사벨라호가 서서히 터미널 쪽으로 들어오고 있다. 빨간 색과 하얀 색으로 이루어져 있다. 또 다시 무료하게 승선시간을 기다린다.

8시 40분, 승선이 시작된다. 5층 이하와

6층 이상의 객실에 따라 승선하는 입구가 다르다. 우리는 6층이다. 방에 있는 창문으로 바다가 보인다. 이것이 Seaside 객실이다.

들어서니 소파가 하나 놓여 있다. 소파는 뒤집으면 침대로 바뀐다. 나머지 세 개의 침대는 벽에 붙어있다. 실야 라인 때와 마찬가지로 방 안에 샤워를 할 수 있는 화장실이 있다. 객실에서 실야 라인과 다른 것은 라디오가 있고 음악이 나온다는 것이다.

우리가 탄 배는 1989년에 건조된 배로 실야 라인보다 조금 짧은 170.9m다. 2450명이 탑승할 수 있고 배 안에는 면세점, 디스코텍, 나이트클럽, 카지노, 사우나 시설이 갖추어져 있다.

9시부터 뷔페가 시작되기에 얼른 8층으로 올라가 지정된 좌석에 앉았다. 이 뷔페 역시 와인과 맥주, 음료수와 차, 커피를 마음껏 마실 수 있다고 나와 있는데 실야 라인처럼 와인을 따라주는 서비스는 없다. 일단 탐색을 나갔다. 캐비어는 잔뜩 있지만 어제보다

실야 라인과 더불어 스칸디나비아 반도 유람선의 양대산맥인 바이킹 라인.

전체적인 가짓수는 좀 적은 것 같다.

양식은 아무리 화려해도 우리 입맛에는 맞지 않는다. 이틀 내내 저녁에 뷔페를 먹으니 아무래도 감흥의 정도가 조금 잦아든다.

배를 둘러보았다. 어제의 실야 라인과 같은 거리는 보이지 않는다. 여러 가지 부대시설이 있기는 하지만 실야 라인만큼 화려하지는 않은 것 같다. 한국 사람들은 보이지 않고 동양 사람도 거의 없다. 아내는 실야 라인보다 차라리 바이킹 라인이 더 낫다고 한다. 실야 라인은 너무 흥청대는 분위기여서 배낭여행을 하는 우리 가족에게는 잘 맞지 않았다고 한다. 지금 타고 있는 바이킹 라인은 비록 화려하지는 않지만 그래도 어지간한 시설은 다 갖추고 있고 조용해서 좋다는 평가다. 주위가 어두워지자 다시 방으로 들어왔다.

 # My Way, 인생을 풍요롭게 사는 길

음악이 나온다. 'My Way' 다.

My Way, 30대가 저물어갈 무렵 인생에 대해 생각했다. 어떻게 하면 삶을 좀 더 풍요롭게 살 수 있을까. 공부를 더 해보고 싶었다. 대학 다닐 때의 공부가 아니고 배움 자체를 즐길 수 있는 공부를 원했다. 1998년 서른아홉 살에 방송대 교육과에 입학했다. 3학년으로 편입할 수도 있었지만 즐기는 공부를 해보기 위해 일부러 1학년으로 입학했다.

그렇게 시작한 공부는 쉽지 않았다. 교과서를 받아오는 날부터 교과서의 두꺼움에 질렸고, 첫 중간고사를 치른 다음 날은 몸살이 나서 직장에 결근했다. 남들은 하지 않는데 나만 하는 공부, 출세에 아무런 도움을 주지 못하는 공부가 너무 부담스러워서 딱 한 학기만 공부하고 그만두려고 마음먹었다. 그러나 2학기 등록 영수증이 나오자 1년은 해야지 하는 생각으로 또 등록했다. 그 다음 해 또 다시 1학기 등록을 했다. 여전히 공부는 힘이 들었다. 그렇게 2년이 지나자 이제는 지금까지 공부한 것이 아까워서라도 그만둘 수가 없었다. 4학년 때는 1년만 버티면 된다는 마음으로 견뎠다. 그렇게 4년 만에 졸업을 한 후 이제 더 이상 공부에는 미련이 없다고 생각했다. 그 뒤 몇 년 후 방송대에 관광학과가 생기자 다시 방송대의 문을 두드렸다. 관광학과 2학년으로의 편입. 다시 공부를 시작하게 된 것은 관광학이 정말로 한 번 해보고 싶은 공부였기 때문이다.

인생을 풍요롭게 살기 위한 또 하나의 길은 요리였다. 동네의 구민회관에서 야간 과정으로 일식조리사반이 개설되자 일식 요리를 좋아하던 차에 등록을 했고 1주일에 한 번씩 나가서 요리를 배웠다. 그렇게 시작된 요리수업은 6개월의 일식과정 이후, 별미요리과정 1년, 한식요리 3개월로 이어졌다. 요리를 배우다보니 우리가 먹는 음식에 대한 흥미가 높아지면서 요즘은 어디 식당에 가게 되면 음식이 나올 때, 세팅과 들어간 재료들을 관심을 가지고 보게 된다.

요리를 배운 후 아이들은 아버지가 해주는 요리를 좋아하게 되었고 부자간의 정도 더욱 깊어질 수 있는 계기가 되었다. 요즘 나는 퇴근 후 바로 집에 들어간다. 아이들에게 맛있는 저녁을 해주고 싶어서다. 요리를 배운다는 것은 삶을 윤택하게 하는 일이다.

마지막으로 나에게는 악기가 있다. 연주할 수 있는 악기가 하나 있다는 것은 분명히 삶에 변화를 주는 일이다. 요즘 아이들은 악기를 배운다는 것이 일반화되어 있지만 우리가 성장할 때는 모두들 그럴 형편이 아니었다. 어른이 되어서 새롭게 악기를 하나 배운다는 것은 쉬운 일이 아니다. 음악을 한다는 것은 돈과 시간과 열정을 투자하는 일이기 때문이다. 그럼에도 악기를 하나 배우기로 했다. 기왕이면 여행 중에라도 들고 다닐 수 있는 것이 좋았다. 그 조건에 맞는 것은 관악기였다. 플루트와 클라리넷 중에서 클라리넷으로 선택했다.

악기를 연주한다는 것은 끊임없는 연습이 필요한 일이다. 항상 연습에 게으른 나는 실력이 그리 빨리 늘지는 않는다. 약간의 굴곡이 있었지만 나는 다시 클라리넷을 잡았다. 2년 전 렌터카로 L.A에서 뉴욕까지 미국 대륙 횡단을 할 때 텍사스의 벌판에서 클라리넷을 불었다. 'My Way' 였다. 가만히 클라리넷을 불고 있으면 인생이 즐겁다.

오늘도 배 안에서 잠을 잔다. 이 배는 지금 계속해서 스웨덴 스톡홀름 쪽으로 항해를 하고 있건만 워낙 큰 배라 흔들림을 전혀 느끼지 못한다.

아까 객실에 들어오면서 받은 스톡홀름 안내 팜플릿을 살펴보았다. 우리나라 음식점이 나와 있다. 남강회관. 한글로 '한 번 왕림하셔서 지도편달을 부탁드립니다' 라고 써있다. 식구들의 의견이 모아졌다. 오랜만에 한식 한 번 먹어보게 생겼다.

 웁살라, 바이킹 라인이 준 선물

미명에 배가 가고 있다. 창으로 보이는 하늘에 붉은 기운이 보인다. 음악이 잔잔히 귓가를 스친다. 날이 밝으면서 섬들이 가까이 보인다. 아주 작은 섬들이 계속해서 지나가고 있다. 마치 우리나라의 다도해를 지나는 기분이다. Seaside 객실은 이래서 좋다.

배의 아침 식사 시간은 6시로 되어 있다. 6시가 조금 넘어 식당으로 올라가는데 사람들이 벌써 짐을 챙겨 밖에 나와 있다. 갑자기 마음이 바빠진다. 식당. 아침 뷔페 역시 여타의 호텔이나 유스호스텔보다 더 격조가 있다. 빵으로 샌드위치를 만들고 계란 오믈렛에 콩, 소시지 등을 커피와 함께 먹는다.

6시 30분이 조금 못되어 배가 스톡홀름에 도착했다. 식당 종업원에게 물어보니 앞으로 한 시간 이내에만 내리면 된다고 한다. 여유를 가지고 우리 객실로 들어섰는데 금방 문을 두드리는 소리가 난다. 객실을 정돈해야 한다는 것이다. 여기에 있으면 다시 투르크로 돌아가게 되니 배가 떠나기 전에 빨리 내리라는 것이다. 6시 40분 정신없이 짐을 챙겨서 내렸다.

터미널에서 스톡홀름 중앙역으로 가는 셔틀버스의 요금이 30크로나라고 나와 있다. 관광안내소에 가서 중앙역 가는 차편을 물어보니 트램은 없고 버스를 타야 한다고 한다. 조금 후에 다시 버스 한 대가 왔다. 'Two Adults, Two children'을 외치니 어른 3명 표를 주면서 90크로나를 받는다. 이 셔틀버스는 터미널에서 중앙역까지 딱 두 정거장만에 도착한다. 버스에서 내리니 버스터미널이다. 한 층을 올라가니 비로소 열차역이 나온다. 역사에 있는 온도계는 지금 스톡홀름의 기온이 15℃임을 알려주고 있었다. 정말 북유럽은 여름이라도 서늘하다.

시간이 너무 이른 관계로 잠시 근처 도시에 다녀오기로 했다. 어차피 볼만한 거리들은 아직 문을 열지 않았고 무료하게 기다리느니 기차라도 타고 다니면 편안히 쉴 수 있지, 시간 잘 가지 일석이조다.

스톡홀름 근처의 웁살라로 행선지를 정했다. 기차로 40분 정도면 된다. 웁살라로 가는 기차에 사람들이 많다. 출근 시간인지 혼잡해서 자리 잡기 고생스러우리라 생각했는데 사람들이 많은 곳은 이등석이고 우리가 타는 일등석은 텅텅 비었다. 객차 한 량에 우리밖에 없다. 완전히 우리들 세상이다. 웁살라로 가는 길은 조용한 시골길이다. 양쪽으로 밀밭이 펼쳐진다.

웁살라. 이 도시는 1477년 창립된 대학을 중심으로 발전하기 시작했다. 웁살라 대학은 북유럽에서는 가장 오래된 대학이다. 덴마크의 코펜하겐 대학과 함께 북유럽 학문의 중심이 되었다. 이 도시는 스웨덴에서 네번째로 큰 도시로 알려져 있다.

역을 나서니 조용한 웁살라의 아침 풍경이 전개된다. 몇 사람이 역 앞 꽃밭을 조성하는 작업을 하고 있다. 그 외에는 지나는 사람 구경하기가 쉽지 않다. 자전거를 타고 가는 사람이 보이고 차들도 드문드문 다닌다. 웁살라 대성당을 보기 위해 작은 개울을 건넜다. 보행자 전용의 작은 다리가 놓여 있는데 너무 아름답게 가꾸어 놓았다. 온통 꽃으로 장식된 다리, 아내가 감탄한다.

대성당에 도착했다. 북유럽 최대의 성당이라는데 얼마나 큰지 카메라로 전경을 찍는데 광각렌즈임에도 불구하고 한 장에 다 들어가지 않는다. 이 성당은 1260년에 착공하여 175년에 걸쳐 지어진 고딕 양식의 건축물이다. 15세기 이후 300여 년 동안 국왕의 대관식이 있어왔고 스웨덴 루터파의 총 본산지이기도 하다.

우선 성당 주위를 한 바퀴 돌아보았다. 성당 뜰에 몇 개의 묘가 있는데 스웨덴어로 되어 있어 누구의 묘인지 알 수가 없다. 성당의 문이 열려 있어 안으로 들어갔다. 넓다. 성당 안에도 무덤이 있다. 구스타프 바사 왕과 두 명의 부인 그리고 식물학자 린네의 무덤이다.

구스타프 바사 왕은 스웨덴의 전설적인 영웅이다. 프랑스의 나폴레옹, 영국의 넬슨 제독, 러시아의 피터 대제, 일본의 도요토미 히데요시, 그리고 한국의 이순신 장군처럼 스웨덴 하면 구스타프 바사 왕을 떠올릴 수 있다. 바사 왕은 한국으로 치면 광개토왕과 세종대왕을 섞어놓은 인물이다. 스웨덴을 덴마크로부터 독립시켰으며 영토를 확장하고 예술진흥을 통해 스웨덴을 바이킹족이라는 야만의 이미지에서 벗어나게 했다. 게다가 그는 가톨릭 국가였던 스웨덴을

교육도시 웁살라의 아침 풍경.

스웨덴 제4의 도시. 아침나절에는 사람 구경하기
가 힘들었다.

웁살라가 깨어나고 있다. 해가 나면서 사람들이
거리로 나온다.

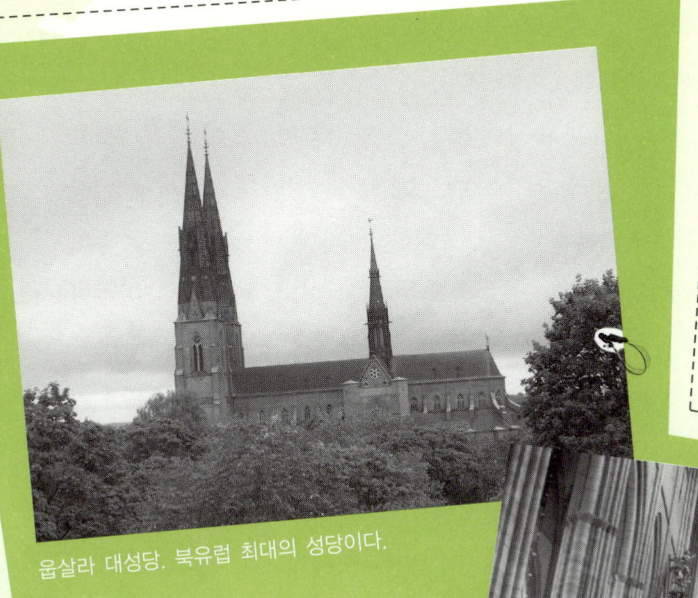

읍살라 대성당. 북유럽 최대의 성당이다.

이 성당의 지하에 구스타프 바사 왕과 식물학자
린네가 묻혀 있다.

읍살라 대성당 관광을 위해서는 이 다리를
건너야 한다. 참 아름답게 꾸며 놓았다.

대성당 안의 부조물.

프로테스탄트로 바꾸는 종교개혁을 단행했다.

바사 이전의 스웨덴은 덴마크의 속국이었다. 스웨덴의 귀족들이 독립운동을 추진하자 덴마크의 크리스티앙 왕은 스웨덴으로 쳐들어갔다. 그는 화해를 빙자해 82명의 스웨덴 왕족을 스톡홀름으로 초대한 뒤 파티 현장에서 모두 죽여버렸다. 이것이 유럽사에서 유명한 '스톡홀름 대학살'이다. 바사의 아버지와 형제들도 모두 이 때 죽임을 당했는데 이 때 덴마크에 유학 와 있던 왕자 바사는 극적으로 탈출에 성공했다. 스웨덴으로 잠입한 그는 민병대를 조직하여 덴마크 군을 스웨덴에서 몰아내는 데 성공했다.

린네는 웁살라 대학교에서 의학을 공부한 후, 다시 친구와 함께 생물학을 공부했으며 졸업 전인 1724년에 이미 식물학 강의를 하였다. 그 후 스톡홀름에서 병원을 개업했고 웁살라 대학교 교수가 되었다. 그의 명성이 알려지면서 많은 학생들이 웁살라 대학교로 모여들었으며, 1774년 강의 중에 뇌일혈로 쓰러져 그 후유증으로 4년 후에 죽었다. 그의 업적은 생물분류법의 기초를 확립한 것이다.

스웨덴에서 자랑할 만한 두 사람이 바로 이 성당 안에 묻혀 있다.

성당에서 나오니 그제야 일반 관광객들이 성당으로 올라오기 시작한다.

웁살라 성 쪽으로 걷는다. 웁살라 대학의 건물이 또 눈에 띈다. 웁살라 대학은 시내의 여기저기에 흩어져 있어 시 전체가 대학도시라는 느낌이 든다. 1477년에 세워진 이 대학은 스웨덴에서 가장 오래된 대학으로 200년 동안이나 사용되어 온 구스타비아눔에서 식물학자 린네와 6명의 노벨상 수상자가 배출되었다. 학교 강당의 입구에는 18세기 시인 트릴드의 명구인 '자유롭게 생각하는 것은 멋지다. 그러나 올바르게 생각하는 것은 더욱 멋지다'라는 구절이 새겨져 있다.

웁살라 성은 여름에 가이드 투어로만 내부를 구경할 수 있는데 그 시간이 오후다. 우리는 성 바로 옆에 있는 벤치에 앉았다. 웁살라 시가지가 바로 내려다보인다. 우리 외에는 아무도 없다. 주위가 정말 조용하고 경건하다. 고독을 즐기는 사람에게는 정말로 딱 맞는 곳이다. 가랑비가 내리기 시작한다. 우산을 써야할지를 망설이는데 고맙게도 금방 그친다.

아직 10시도 되지 않았다. 우리는 정말 마지막까지 실속 있게 다닌다. 비록 바이킹 라인에서 일찍 쫓겨나서 예정에 없던 이곳까지 흘러 왔지만 여기 웁살라에서 스웨덴의 조용함을 한껏 즐기고 간다. 탁월한 선택이다. 우리를 일찍 내보내준 바이킹 라인에 고맙다고 해야 하나.

다시 스톡홀름으로 되돌아간다. 열차가 10시 10분 출발인데 우리가 플랫폼에 뛰어 들어가니 잠시 기다려준다. 제 딴에는 열심히 질주하는데 승차감이 영 별로다. 흔들림이 너무 심하다. 마치 고속도로에서 소형차로 시속 150km의 속도로 달리는 것 같다. 아무래도 이 열차는 동생 X2000에게서 한 수 배워야 할 것 같다. 그 우아한 코너링이며, 승객들에게 베풀어주는 미니바의 인심까지.

# 발걸음도 가볍게!

스톡홀름. 점심을 먹으러 남강회관으로 가기로 했다. 바이킹 라인에서 받은 안내 팜플릿에 스톡홀름 지도가 상세하게 나와 있고 남강회관의 위치도 나와 있지만 교통편이 적당하지 않다. 결론을 내렸다. 그곳까지 걸어가기로. 걷다 보니 회토리에트가 나왔다. 회토리에트 광장은 스웨덴 각지의 상인들이 모여

목재, 의류, 생선 등을 팔던 곳이다. 지금은 광장 야외시장에서 여러 가지 꽃과 채소, 과일 등을 팔고 있다. 얼른 과자 한 봉지를 샀다.

드디어 남강회관이 보인다. 이곳까지 오는 동안 일식집들도 보았고, 중국 음식점도 보았지만 한국음식점은 여기 외에는 눈에 띄지 않았다. 간판에 초록색으로 한반도의 모습이 그려져 있고, 남강회관이라고 한글로 써있다. 식당 밖에 있는 의자에서 외국 사람들이 식사를 하고 있다. 식당 안에도 제법 많은 외국 사람들이 있다.

종업원은 동남아시아 사람들인 것 같다. 아내가 종업원에게 한국 사람이 있냐고 물으니 매니저가 한국 사람인데 지금 여기에는 없다고 대답한다. 아내가 손가락으로 '남강'을 가리키며 우리나라 말로 "내가 여기 매니저와 고향이 같은데, 고향사람 만나려고 여기까지 왔는데 못 만나서 서운하다"고 말하니 종업원이 뭔가 알았다는 듯이 웃는다. 아내는 진주 사람인데 우리는 남강회관의 '남강'을 진주에 있는 남강으로 해석했었다.

점심 특선요리는 1인분에 125크로나라서 좀 부담되어 각각 단품요리를 하나씩 시켰다. 오랜만에 먹는 한식이라 아내도 이 대열에 합류했다. 불고기, 덴동(튀김), 야키니꾸(구운고기)는 각각 75크로나고 탕수육은 80크로나다.

큰 접시에 밥과 함께 주문한 음식이 담겨 있고 각 식사에는 미소 된장국이 딸려 있다. 밑반찬으로는 숙주나물, 김치, 무생채가 나왔다. 그런데 우리가 주문하지 않은 음료수가 함께 나온다. 맥주 2잔, 오렌지 주스 2잔, 생수 1잔이다. 서비스라며 활짝 웃는다.

불고기는 한국에서 먹는 맛 그대로다. 그러나 설탕을 많이 넣어서인지 좀 달달하다. 덴동은 튀김 밑에 밥이 담겨 있다. 야키니꾸도 그런대로 입맛에 맞는데 역시 좀 달짝지근하다. 탕수육은 모양은 한국에서 먹는 탕수육인데 너무 심심하다. 시원한 음료수와 물까지 마시니 기분이 좋다. 그냥 이대로 나무 밑에 누워 낮잠이나 한숨 자고 갔으면 좋겠다.

만남 하나. 바사호 한 척만으로 이루어진 박물관

아예 오늘의 테마를 도보로 잡았다. 여기서 스칸센을 가려면 적어도 두 번은 차를 타야 하는데 탈 때마다 90크로나씩 나가는 것이 좀 아깝기도 했고 걸어서 다니는 것도 그런대로 재미가 있다.

스칸센을 향해서 걷는다. 길가 교회에서 쉬고 있는 사람들의 모습이 평화로워 보인다. 마당이 있고 정원이 있고 쉼의 그늘이 있는 아늑한 교회, 우리나라의 교회들도 이정도가 되면 얼마나 좋을까. 동네 사람들이 식사 후 쉬어갈 수 있는 공간과 그늘도 제공할 수 있는, 그래서 사람들의 사랑과 인정을 받을 수 있는.

다리를 건너 율고덴 섬에 들어서니 바사호 박물관이 보인다. 여행안내서에는 배가 한 척 전시되어 있다는데 들어갈까 말까 하다가 남은 오후의 일정에 여유가 있어 들러보기로 하였다. 입장료가 80크로나, 만원이 넘는다. 갑자기 좀 비싸다는 생각이 든다. 17세까지의 어린이는 무료입장이다. 학생들은 입장 요금 할인이 있기에 입장권을 파는 사람에게 내가 가지고 있는 국제학생증을 보여주니 'Yes' 한다. 나는 입장료를 40크로나로 할인받았다[나는 방송통신대학교 관광학과 학생이다].

바사호. 1628년 스웨덴 왕가의 이름을 딴 거대한 전함 바사호가 첫 출항을 하는 날이었다. 당시 독일의 30년 전쟁(1618~1648)에 참전하기 위해 구스타프 2세의 지휘 하에 건조된 전함은 길이 69m, 높이 51m, 폭 11.7m, 배수량 약 1,400톤으로 133명의 승무원과 300명의 전투원을 승선시키기로 되어 있었다. 오후 4시, 바사호는 군중들의 환호성과 우뢰와 같은 예포소리가 울리는 가운데 돛을 높이 올리고 바다로 미끄러져 나갔다. 그러나 배가 좌현으로 기울

Meeting Stockholm

스톡홀름에서 유일하게 존재한다는
한국음식점. 현지인 손님이 많았다.

바사호 박물관.
바사호는 침몰된지 300년이
넘어서야 인양되기 시작했다.

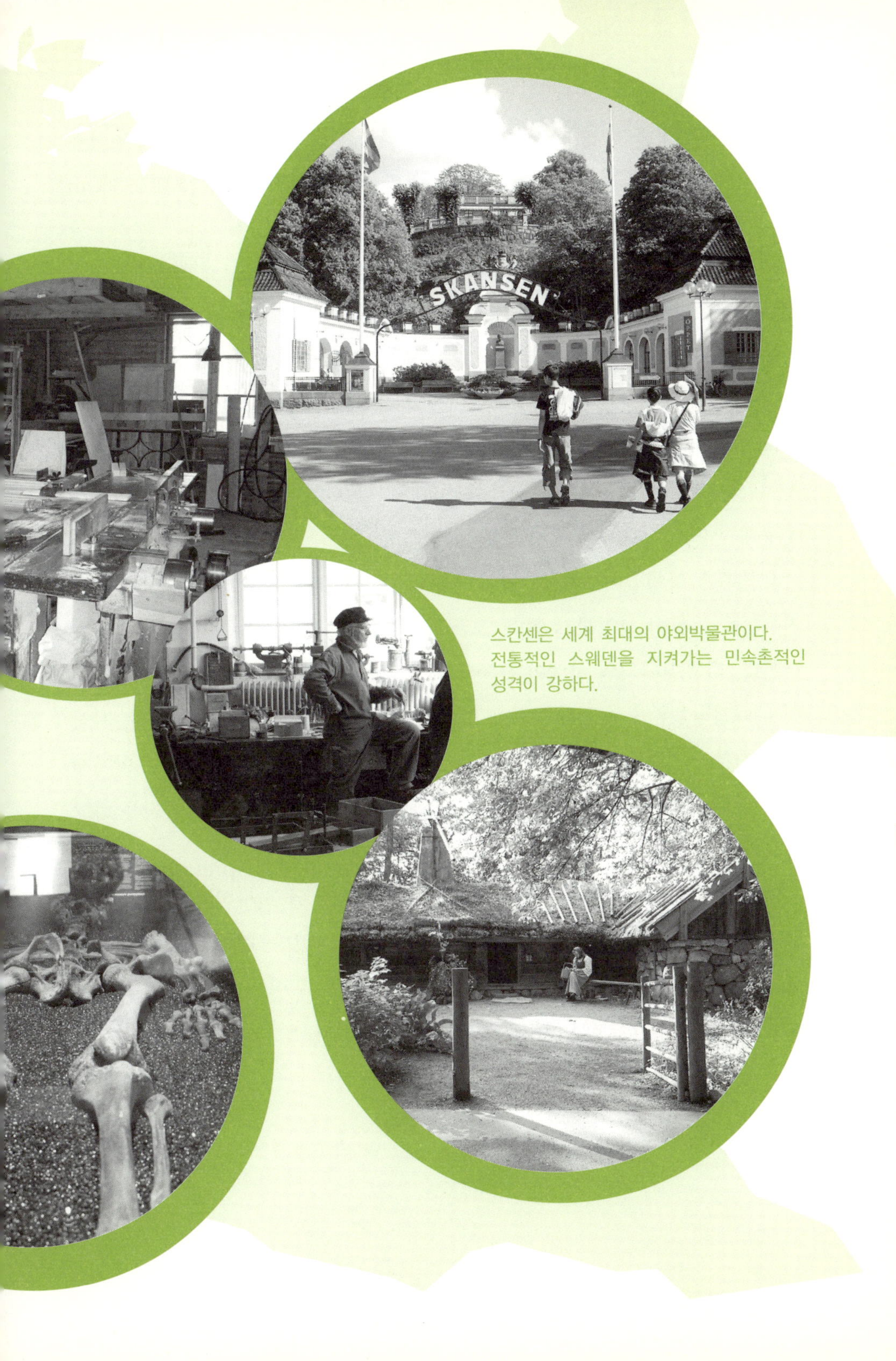

스칸센은 세계 최대의 야외박물관이다.
전통적인 스웨덴을 지켜가는 민속촌적인
성격이 강하다.

며 수병들이 대포를 이동하여 배의 무게중심을 조정할 사이도 없이 제일 아래 갑판의 포문으로 물이 마구 쏟아져 들어왔다. 몇 분 후 바사호는 불과 1,300m 의 항진을 끝으로 완전히 물속으로 침몰해버렸다.

이 군함은 침몰한지 300년이 지난 후 엔지니어이자 해양고고학자인 아데스 프란첸에 의하여 다시 빛을 보기 시작한다. 1952년부터 4년 동안 침몰 위치를 알아내어 1956년 해군잠수부들이 33m 바다 밑에서 진흙에 묻혀 있는 바사호 를 발견해낸다. 1961년 4월 21일 드디어 바사호의 인양에 성공한다.

바사호 박물관은 옛날 바사호를 건조한 조선소 자리에 인양된 선체를 복원 하여 전시하고 있다. 박물관에 들어서니 커다란 목선이 한 척 놓여 있다. 선체 곳곳에 박힌 장식물들이 상당히 위압적이다.

오른쪽에 상영실이 있는데 들어가 보니 바사호의 발견, 인양, 복원 과정을 기록물로 만들어 상영하고 있다. 노르웨이 언어로 설명을 하고 영어로 자막이 나온다. 다큐멘터리의 상영이 끝나니 처음부터 기록물을 다 본 사람들이 일어 서서 나간다. 우리 가족은 자리에 앉아 기록물을 처음부터 보기로 했다. 사실 은 아침부터 계속된 강행군에 몸이 지쳐서 이런 핑계를 대고 잠시라도 앉아서 쉬고 싶은 마음이다. 다시 기록물이 상영되는데 이번에는 영어로 설명을 하고 노르웨이 말로 자막이 나온다.

박물관 내부는 선체를 중심으로 빙 둘러 6층으로 된 전시실이 있으며 층별 로 배의 각 부분을 눈높이에서 볼 수 있도록 꾸며 놓았다. 인양된 각종 유물과 당시의 상황을 재현해 놓았고 인양과정도 체계적으로 이해할 수 있도록 꾸며 놓았다. 선원들의 유골과 유품도 같이 전시되어 있다. 입장료가 아깝지 않다.

다음 목적지는 스칸센이다. 세계 최대의 그리고 최초의 야외박물관이라 일컬어지는 곳이다. 사실 박물관이라기보다는 우리나라의 민속촌 같은 성격이라고 보는 게 더 정확하다.

방향을 잘못 잡아 잠시 바다를 따라 걷는다. 파란 잔디가 가득한 공원 풍경이 정말 평화롭게 보인다. 스톡홀름은 물 위에 있기 때문에 세계에서 가장 아름다운 도시 중의 하나라고 하는데 그 말이 수긍이 간다.

스칸센은 스웨덴이 다른 나라들처럼 급격한 공업화로 오랜 전통을 잃어가는 것을 몹시 가슴아파한 하셀리우스라고 하는 사람이 전국에서 약 150동의 전통적인 건물을 모아 문을 열었다. 1891년의 일이다. 이곳에는 교회, 풍차, 농가, 공방 등 다양한 건축물을 통해 각기 다른 신분의 사람들이 어떻게 일하고 거주했는가를 보여준다. 건물 내부의 장식도 당시 모습 그대로 재현되었으며 인쇄공장, 직물공장 등에서는 민속의상을 입은 사람들이 당시의 작업환경을 실연한다.

이곳에서는 스웨덴의 가장 큰 축제 중 하나인 하지 축제가 사흘 정도 펼쳐진다. 스웨덴은 6월 하순경이 되면 오전 2시에 날이 밝아 낮 길이가 무려 20시간이나 지속될 때가 있다. 하지 축제는 스웨덴의 여러 곳에서 열리지만 스칸센에서 열리는 행사가 가장 볼만하다. 그 외에도 연중 다양한 행사가 개최된다. 클래식 콘서트나 오페라, 재즈, 팝 등의 음악공연, 민속무용, 민속음악공연 등은 여름에 개최되는 전통행사다. 이곳에서 행해지는 크리스마스 행사와 새해맞이 행사도 유명하다.

스칸센은 입장료가 비싸다. 어른 80크로나, 어린이 30크로나다. 다른 곳은 어린이는 무료인 곳도 많건만 어린이까지 굳세게 입장료를 받는다. 입구에 들어서니 위로 올라가는 모노레일이 있다. 이 모노레일은 나중에 내려올 때 타보기로 하고 우선 천천히 돌아보기 시작한다. 그런데 워낙 넓다 보니 입장할 때 준 내부지도를 보고도 어디가 어디인지 잘 모르겠다.

처음에 찾아간 곳은 공방이다. 방앗간에 있는 기계들이 돌아가자 나이가 지긋하신 분이 설명을 시작하는데 스웨덴어로 설명하기 때문에 우리는 들으나 마나다. 유리공예방에서도 유리 만드는 과정을 시연하고 있다.

스칸센 안에 동물원이 있다. 하지만 이곳에 입장하려면 또 돈을 내야 한다. 그냥 밖에서 보이는 동물로 만족하기로 했다. 우리가 동물을 보고 있는 사이 우리 옆에 유모차를 탄 아이들이 우리 가족을 아주 신기한 듯이 쳐다보고 있다. 이 아이들은 처음 보는 동양인들이 얼마나 신기할까. 자기네와 같아 보이면서도 뭔가 다른 존재를 관찰하는 일. 이해는 하지만 당하는 우리들은 별로다. 우리가 무슨 동물원의 원숭이도 아니고.

동물원 옆을 돌다 보니 다트 게임장이 있다. 한 번 게임에 참여하는 데 10크로나로 1회에 3개의 다트를 주는데 던져서 원판을 맞히면 상품을 준다. 어디서나 호기심을 버리지 못하는 요한이가 한 번 게임에 참여할 수 있도록 해달라고 한다. 10크로나를 주었다. 꽝이다. 요한이가 한 판만 더 하게 해달라고 한다. 여행이 막판에 접어드니 인심이 후해져서 10크로나를 또 주었다. 요한이가 돌아왔다. 손에는 작은 인형 하나가 들려 있다.

옛날 스웨덴의 집들을 재현해놓은 곳에 들어갔다. 주인과 하녀가 기거하는 장소가 분리되어 있다. 집안에 가져다 놓은 야채도 싱싱하고, 장작으로 불을 붙이고 있는 모습이 정말 현실감이 있다.

오후 5시가 되니 퇴근 시간이다. 건물 안에서 시연하던 사람들이 바구니를 하나씩 들고 내려간다.

스칸센을 나와 47번 버스를 탔다. 어른은 20크로나, 어린이는 10크로나를 받는다. 중앙역으로 가는 길. 버스는 트램이 가는 길을 따라 잘 달리는데 승용차는 퇴근 시간이라 교통체증에 걸려 있다.

중앙역에 도착했다. 오늘 우리가 유럽에서 마지막으로 묶는 호텔은 스톡홀름 교외에 위치해 있다. 그곳에서는 저녁식사를 하기가 어떨지 몰라 중앙역 주위에서 해결하고 들어가기로 했다. 중앙역 주위를 둘러보는데 마땅히 먹을 만한 곳이 없다. 결국 중앙역 구내 피자헛으로 들어갔다. 요한이와 나는 피자 한 쪽과 음료, 피자 두 쪽과 음료를 하나씩 시켰고, 요섭이는 버거킹에 가서 햄버거 세트를 샀다. 아내는 역 안의 매점에서 작은 빵 2개와 커피 한 캔을 샀다. 도합 189크로나로 저녁을 해결한다.

# 나, 이번 여름에 행복했다

이제 유럽의 마지막 숙소를 향해 간다. 숙소까지 스웨덴 국철에서 운영하는 교외전차를 타고 가야 한다. 스톡홀름 교외에 위치해서 가격도 비싸지 않고 사진으로 언뜻 보기에는 그리 작은 호텔도 아닌 것 같다.

스톡홀름의 교외전차는 일반열차가 출발하는 곳에서 탈 수 있는 것이 아니고 타는 플랫폼이 따로 정해져 있다. 교외전차는 11번에서 16번 플랫폼까지 탈 수 있는데 입장하는 곳이 한 층 밑으로 내려가야 한다. 여행안내서에는 유레일패스를 이용할 수 있다고 했지만 막상 유레일패스를 내니 표를 끊으라고 한다. 막판에 갑자기 손해 보는 느낌이다. 15번 플랫폼에 열차가 들어왔다.

열차가 출발했다. 오늘 아침 우리가 간 웁살라 방면으로 가는 것 같다. 창밖으로 사람들이 골프를 치는 모습이 보인다.

스톡홀름 교외전차. 이제 우리는 마지막 숙소를 향해서 간다.

스칸딕 스타 호텔은 기차역과 붙어있다. 막판에 만난 보물이었다.

내리자마자 오른쪽에 큰 사각형의 건물이 보인다. Scandic Star라고 써있다. 잠시 우리가 묵을 호텔 이름을 잊어버리고 '야, 저 건물 참 좋다. 그러면 우리가 묵을 호텔은 어디에 있기에 보이지도 않아' 하고 속으로 불평을 했다. 호텔 바우처 용지를 확인하고 나서야 우리가 묵을 호텔이 Scandic Star임을 깨닫는다. 정말 위치가 끝내준다.

플랫폼 지하통로로 해서 역을 빠져나가 금방 호텔 앞에 섰다. 들어가서 내부를 보니 멋있다. 별 네개짜리 답다. 언뜻 드는 느낌은 노르웨이 베르겐의 그리그 호텔 정도.

방 배정을 받았다. 문을 열고 방에 들어서니 장난이 아니다. 이 호텔은 지금까지 우리가 이번 여행에서 묵었던 호텔 중 객실이 제일 크다. 더욱이 방 두 개 모두 금연이 잘 되어 있어서 담배 냄새가 나지 않는다. 침대가 놓여 있는 방도 크고, 소파가 놓여 있는 거실도 그에 못지않다. 압권은 화장실이다. 거의 거실만한 크기이다. 더군다나 바닥이 따뜻하여 그 위에서 한 잠 푹 자도 될 것 같다. 방 두 개에 163,900

원, 물론 세금을 포함한 가격이다.

정말로 막판에 횡재했다.

7시에 일어나 식당으로 내려갔다. 오늘은 별다른 관광계획이 없고 공항으로 가는 일만 남았기 때문에 천천히 여유 있게 움직이기로 했다. 뷔페식으로 차려진 식당이 상당한 수준이다. 우유에 타먹는 시리얼도 종류가 열세 가지가 된다. 계란도 완숙과 반숙의 두 가지가 있고 배에서 먹던 캐비어도 있다. 과일도 여러 가지 종류가 있고, 쌀죽도 있다. 메뉴에 동양적인 요소가 많이 가미되어 있다. 천천히 만족스럽게 식사를 끝낸다.

오늘은 한국으로 돌아가는 날이다. 이번 여행은 참 평탄했다. 큰 어려움도 없었고, 일정도 대부분 소화했고, 무엇보다 가족들 중 크게 아픈 사람 없이 잘 지내왔다.

참 행복하다. 식구들에게 큰 선물을 주었다. 나와 같이 인생을 살아가면서 고생을 많이 한 아내에게 유럽여행을 선물했다. 중학교 1학년, 고등학교 1학년인 두 아이에게도 앞으로 전개될 그들의 삶에 대한 자신감과 미래의 꿈, 그리고 좋았던 가족의 추억을 줄 수 있었다.

16박 17일의 여정. 1월부터 준비를 시작하고 반 년 이상이나 기다려온 여행의 종착점이다. 이제 돌아가야 한다. 다시 한국으로. 우리 동포들이 열심히 부대끼며 살아가고 있는 우리나라로.

나, 이번 여름에 행복했다.

핀란드에서의 비용   281,099원   〈단위: 유럽 유로〉

One Day Ticket	18(22,986원)	코인로커	3(3,831원)
화장실	1(1,277원)	점심 식사	25.1(30,253원)
골프	5.5(7,024원)	택시비	11(14,047원)
오락	3(3,831원)	캐빈 및 아침, 저녁 식사	197,850원

스웨덴에서의 비용   330,880원   〈단위: 스웨덴 크로나〉

차비	90(12,420원)	코인로커	40(5,520원)
간식	20(2,760원)	점심 식사	305(42,090원)
바사호 박물관 입장료	120(16,560원)	스칸센 입장료	220(30,360원)
오락	20(2,760원)	버스	60(8,280원)
저녁 식사	180(24,840원)	물	35(4,830원)
교외전차	60(8,280원)	숙박비	163,900원
교외전차	60(8,280원)		

유럽의 고속철, 그 다섯 번째 경험
핀란드의 펜돌리노

Pendolino
핀란드 헬싱키에서 투르크까지

핀란드의 고속철 펜돌리노.

엄밀히 말하면 펜돌리노는 핀란드의 고속철이라고 할 수 없다. 이탈리아가 개발·제작한 틸팅열차인 '펜돌리노'를 핀란드, 체코, 폴란드 등으로 판매한 것이다.

스웨덴의 X2000이 스웨덴만의 독자적인 틸팅 기술을 사용했다면, 핀란드의 펜돌리노는 핀란드를 돌고 있을 뿐 이탈리아의 펜돌리노라고 할 수 있다. 현재 핀란드에는 7대의 펜돌리노가 있다.

핀란드의 펜돌리노는 언뜻 보기에 딱딱해 보이는 외형을 지녔지만 그 속에서 부드러움도 느껴진다.

펜돌리노는 타는 이들의 기분을 제법 좋게 만든다. 스웨덴의 X2000처럼 미니바가 구비되어 있어 차나 커피 한 잔 정도의 여유를 부릴 수도 있다. 물론 무료로.

좌석은 크게 일반석(이등칸), 비즈니스석(일등칸), 비즈니스 플러스석(특급칸)으로 구분된다.

미래를 여는 지식의 힘—,

상상예찬 (주) :: 도서출판 선·미디어

http://www.smbooks.com Tel. 02-325-5191